Mae hanes o ddyfeisiadau poblogaidd cyfoes

AWGRYMIADAU LASER

Mae hanes y pwyntydd laser yn gysylltiedig yn agos i un

y laser . Er ei bod yn Albert Einstein a ddatblygodd

theori sylfaenol o laserau yn gynnar yn y 20fed ganrif , mae'n

anodd dod o hyd yn union pwy oedd yn gyfrifol am

y ddyfais y laser gwaith cyntaf . Er Theodore

Maiman yn cael ei gredydu eang â greu'r laser cyntaf yn

1960, mae tri yn fwy wyddonwyr - Charles Townes ,

Arthur Schawlow a Gordon Gould - sydd hefyd yn dadlau

ar gyfer yr un anrhydedd . Derbyniodd Gould batent ar gyfer ei

dyfais yn 1977 , 20 mlynedd ar ôl ei waith cychwynnol, ond erbyn hynny

llawer o grwpiau adeg sydd eisoes yn defnyddio ei ddyfais .

Dau grŵp Unol Daleithiau yn cael y clod am y ddyfais y

laser lled-ddargludyddion yn 1962 , un o dan arweiniad Robert N. Hall

yn y ganolfan ymchwil General Electric , a'r llall gan

Marshall Nathan yn y IBM TJ Canolfan Ymchwil Watson .

Fodd bynnag, awgrymiadau laser yn unig daeth yn ymarferol yn 1970

diolch i waith Herbert Kroemer o'r Deyrnas Unedig

Yn nodi, Zhores Alferov yr Undeb Sofietaidd ac mae eu

cyd - weithwyr. Yn 2000 , derbyniodd Kroemer a Alferov y

Gwobr Nobel mewn Ffiseg am eu dyfeisgarwch.

Mae laser lled-ddargludyddion , sef math o deuod lled-ddargludyddion ,

Cyfeirir hefyd fel laser deuod . Diodes yn gallu

pasio trydan i un cyfeiriad a laser deuodau

yn gallu cynhyrchu golau yn hawdd pan fydd trydan yn mynd trwy iddynt. Laserau deuod o'r fath angen eu hamddiffyn rhag bŵer

ymchwyddiadau a newidiadau tymheredd. Mae cylched pŵer- reoli

cael ei ddefnyddio i atal y deuod rhag derbyn gormod o

neu rhy ychydig o bŵer, ac achos plastig ddiogelu rhag

tymheredd amrywiadau .

Laserau lled-ddargludyddion yn defnyddio deunyddiau tebyg i'r rhai yn

transistorau a chylchedau integredig er mwyn creu

lasing canolig. Laserau lled-ddargludyddion cynnar (1950au) gallai

yn unig yn cynhyrchu ymbelydredd is-goch anweladwy . Ers hynny ,

electroneg lled-ddargludyddion nid yn unig wedi dod yn fwy

rhad i gynhyrchu, maent hefyd wedi mynd yn llai

o ran maint ac yn tueddu i fod angen llai o ynni . Gallant hefyd

cynhyrchu golau gweladwy y mae coch yn y lleiaf costus a

glas , fioled , a gwyrdd yn rhai o'r fwy drud

amrywiadau. O ganlyniad, erbyn y 1980au , laserau lled-ddargludyddion

daeth yn ddigon fforddiadwy i'w ddefnyddio yn defnyddwyr electronig

dyfeisiau megis awgrymiadau laser .

Gwelliant enfawr mewn technoleg a galw uchel

wedi helpu i ddod i lawr y pris awgrymiadau laser

o gannoedd o ddoleri i lai na phum ddoleri ar gyfer y

rhan fwyaf o fathau rhad . Mae llawer o gynhyrchion fel plant yn

teganau , gynnau , a thaflunwyr cynnwys awgrymiadau laser .

Mesuryddion

Mae pren mesur , y cyfeirir ato hefyd fel mesurydd llinell neu reol , yn

ddyfais a ddefnyddir mewn darlunio technegol , geometreg , peirianneg ,

pensaernïaeth , ac argraffu i dynnu llinellau syth , mesur

pellteroedd , ac fel canllaw ar gyfer union torri .

Homo sapiens wedi bod yn defnyddio prennau mesur ers hynafiaeth . Er bod

y rhan fwyaf o reolwyr hynafol wedi eu gwneud o bren , archaeolegwyr

rhai a ganfuwyd gwneud o ifori a ddefnyddiwyd cyn 1500 CC

gan y Gwareiddiad Dyffryn Indus . Un pren mesur o'r fath wedi bod yn

darganfod ymhlith y cloddfeydd yn Lothal ac mae wedi bod

dyddiedig yr holl ffordd yn ôl i 2400 CC . Credir bod hyn yn

pren mesur wedi'i rhannu'n unedau pob un yn mesur 1.32 modfedd ,

marcio mewn isadrannau degol gyda chywirdeb anhygoel

(o fewn 0.005 modfedd) . Brics hynafol gael lledled

y rhanbarth dimensiynau sy'n cyd-fynd yr unedau hyn.

Diwydiannwr Almaeneg Anton Ullrich yn cael ei gredydu gyda

dyfeisio'r pren mesur blygu yn 1851 . Yn 1887 , cafodd

patent ar gyfer y colfach -powered gwanwyn a ddefnyddir yn ei

ddyfais . Mae'r cwmni a sefydlodd yn dal i fodoli . Yn wir, mae'n

cynhyrchu amrywiaeth o offerynnau mesur o dan

yr enw masnach ' Stabila ' .

Ond nid oedd dywysogion bob amser gwneud o bren neu ifori . maent yn

hefyd wedi cael eu gwneud allan o blastig a metelau . ac yn dragywydd

ers y darganfyddiad o blastig, llywodraethwyr a wneir o'r deunydd hwn

wedi ennill amlygrwydd fel y gallant yn hawdd ei fowldio

gyda'r marciau hytrach na chael ei arysgrif arni. heddiw

metel yn cael ei gyfyngu yn bennaf i rheolwyr a ddefnyddir mewn gweithdai , neu

yn rhan annatod pren mesur pren a ddefnyddir ar gyfer llinell syth

torri i gadw ei ymylon .

Llywodraethwyr desg yn cael eu defnyddio yn bennaf ar gyfer tynnu llinellau syth , i

mesur pellteroedd , neu i wasanaethu fel canllaw ar gyfer torri ar hyd

llinell . Mae'r mathau hyn o lywodraethwyr yn cael pellter - marciau ar hyd eu ymylon. Ar y llaw arall , mae mesurydd llinell yn cael ei ddefnyddio yn y

diwydiant argraffu , sy'n defnyddio agat , picas , pwyntiau a modfedd

fel ei uned fesur . Yn ogystal â hyn, gall rhai medryddion

hefyd yn cynnwys samplau o led llinell mewn sawl maint pwynt.

Dyfeisiau mesur eraill fel llywodraethwyr plygu a ddefnyddir gan

seiri coed , a mesurau dâp gwneud o fetel , yn cael eu gwneud

cludadwy trwy blygu neu wrthdynnu'r i mewn coil . Y teiliwr

tâp ffabrig yn ddyfais hyd - mesur hyblyg arall

sy'n cael ei graddnodi mewn centimetrau a modfedd. Mae'n cael ei ddefnyddio ar gyfer

gwneud mesuriadau llinol yn ogystal ag ar gyfer mesur

amgylch gwrthrych - megis maint wasg person solet.

Mae pren mesur cyfangiad , a elwir hefyd fel pren mesur crebachu , yn

mesur ddyfais sydd adrannau fwy na'r safon

unedau i wneud iawn am grebachu yn ystod castio metel.

onglyddion

Mewn geometreg , onglydd yn sgwâr , crwn neu

offeryn hanner cylch fel arfer yn gwneud o Perspex tryloyw

a ddefnyddiwyd i fesur onglau . Yr uned fesur

yw graddau fel arfer o arc . Maent yn cael eu defnyddio ar gyfer amrywiaeth

o geisiadau mecanyddol a - gysylltiedig â pheirianneg ,

ond efallai eu defnydd mwyaf cyffredin yn y geometreg

gwersi mewn ysgolion . Er bod rhai onglyddion yn syml

hanner - ddisgiau , onglyddion mwy datblygedig , megis y befel

onglydd , wedi un neu ddau o breichiau siglo defnyddio i helpu mesur yr ongl .

Mae'r , onglydd hanner - ddisg syml yn ddyfais hynafol , yn dyddio

yn ôl sawl mil o flynyddoedd . Er ein bod yn credu bod y

dyfeisiwr go iawn wedi cael ei golli yn y tywod o amser, yn 2011 yn

Daeth posibilrwydd diddorol i'r amlwg . Pensaer Aifft

Roedd Kha a enwir helpu i adeiladu beddrodau Pharoaid yn ystod

y llinach Aifft 18 , tua 1400 CC . Ym 1906 , ei

beddrod ei hun ei ddarganfod yn gyfan gan yr archeolegydd Ernesto

Schiaparelli yn Deir - al- Medina , ger Dyffryn y

Kings yn Thebes , Yr Aifft . Ymhlith eiddo Kha oedd

darganfod offerynnau mesur , gan gynnwys rhodenni cufydd ,

dyfais lefelu sy'n debyg i sgwâr set modern ,

a beth yn ymddangos i fod yn siâp rhyfedd pren gwag

achos gyda chaead colfachog . Schiaparelli farn bod hyn gwrthrych diwethaf

cynnal offeryn lefelu arall . Mae'r amgueddfa yn Turin ,

Yr Eidal , lle mae eitemau yn cael eu harddangos yn awr, a nodwyd

yr achos pren yn ôl y digwydd ar raddfa mantoli.

Ond Amelia Sparavigna , ffisegydd yn Torino Polytechnic ,

Awgrymodd ei bod yn hollol wahanol pensaernïol

offeryn - onglydd . Yr allwedd , meddai, yn gorwedd yn y niferoedd

hamgodio yn addurn addurnedig y gwrthrych , sy'n debyg i

rhosyn cwmpawd gyda 16 o betalau gwasgaru'n gyfartal hamgylchynu

gan igam-ogam crwn gyda 36 corneli. Aeth Sparavigna ar

i nodi os bydd y bar yn syth y gwrthrych ei osod ar

llethr , byddai llinell blwm yn datgelu ei awydd ar y

deialu cylchlythyr . Fodd bynnag , mae llawer o archaeolegwyr yn amheus

ddamcaniaeth hon a chynnal fod y gwrthrych pren yn

yn syml achos addurnol.

Mae'r onglydd cymhleth cyntaf ei gynllunio ar gyfer plotio y

sefyllfa o cwch ar siartiau mordwyo. A elwir yn threearm

onglydd neu pwyntydd orsaf, mae ei ddyfeisio yn 1801

gan Joseph Huddart, yn gapten y llynges Lloegr. y ganolfan

braich yn sefydlog, tra bod y ddau allanol yn rotatable, sy'n gallu

cael eu gosod ar unrhyw ongl gymharu â'r un ganolfan.

DARLUN cwmpawdau

Mae cwmpawd neu bâr o gwmpawdau yn lluniadu technegol

offeryn gyfarwydd i bob plentyn ysgol. Mae'n cael ei ddefnyddio mewn

ysgol mewn dosbarthiadau geometreg i helpu i dynnu perffaith

cylchoedd a arcau. Gall hefyd gael ei ddefnyddio fel pâr o rhanwyr

ar gyfer mesur pellteroedd, yn enwedig ar fapiau.

Dyn wedi adnabod a defnyddio cwmpawdau ers yr hen amser.

Yn wir, y Groegiaid hynafol yn eu defnyddio fel dysgu sylfaenol

offer. Holl theoremau o Euclid profi gan ddefnyddio dim ond

ddau offeryn lluniadu : pâr o cwmpawdau a phren mesur

gydag ymyl syth. Mae ffurf sylfaenol y cwmpawd wedi

Nid yw wedi newid yn fawr iawn ers hynny, ond dur a phlastig

wedi disodli i raddau helaeth ei ddeunydd adeiladu gwreiddiol,

fel arfer pres. Mewn rhai paentiadau Ewrop canoloesol,

y cwmpawd yn cael ei ddefnyddio hyd yn oed fel symbol o gwreiddiol Duw

weithred o greu, hy, Genesis.

Yn 1606, y gwyddonydd enwog yr Eidal Galileo Galilei cyhoeddi

draethawd ymroddedig i cwmpawd, o'r enw ' Le operazioni del

compasso geometrico et militare ' (The gweithrediad geometrig a cwmpawdau milwrol) . Ychwanegodd raddfa graddedig i'r

dynnu cwmpawd ac yn ei ddefnyddio i ddangos graffigol

cyfrifiant adlog a swyddogaethau eraill .

Mae'r defnydd llenyddol mwyaf enwog o cwmpawdau yn ymddangos yn A

Valediction : gwahardd Galar , a ysgrifennwyd gan John Donne ,

yn 1611 . Mae'r adroddwr yn defnyddio'r cwmpawd fel trosiad o

mynegi cryfder o gariad ysbrydol . Mae'n cymharu ei

cariad i droed sefydlog y cwmpawd ac ef ei hun at y

arall droed rhad ac am ddim sy'n symud :

Os ydynt yn cael dau , maent yn ddau fel

Cwmpawdau dau wely Gan stiff yn ddwy ;

Dy enaid , y droed fix'd , yn gwneud dim sioe

I symud , ond hwynebau hwynt , os th ' eraill yn ei wneud .

Ac er ei fod yn y canol eistedd ,

Eto i gyd , pan fydd y crwydro llawer cilfachau eraill ,

Mae'n tueddu , ac yn wrandawer ar ei ôl,

Ac yn tyfu codi , gan fod yn dod adref .

Gwywo o'r fath fyddi i mi, a rhaid iddynt,

Fel droed arall th ' , a redir anuniongyrchol ;

Dy cadernid gwneud fy cylch yn unig ,

Ac yn gwneud i mi yn dod i ben lle yr wyf yn dechrau.

Oeddech chi'n gwybod ?

Mae'r gôt swyddogol o arfau hen wlad Dwyrain

Yr Almaen cynnwys morthwyl a chwmpawd amgylchynu

gan gylch o rhyg . Mae'r gwrthrychau cynrychioli gweithwyr ,

deallusion , a ffermwyr , yn y drefn honno .

beiros

Ysgrifbinnau pelbwynt yn defnyddio inc gludiog sy'n cael ei dosbarthu gan y

gweithredu o bêl bach wedi'u lleoli ar flaen y gorlan dreigl.

Mae'r bêl , fel arfer o 0.5 mm i 1.2 mm mewn diamedr, gall

yn cael ei wneud o bres , dur , carbide twngsten , neu unrhyw un arall

deunydd gwydn .

Fersiynau cynnar o'r beiro eu patent lluosog

adegau, ond byth yn llwyddiannus yn fasnachol . y cyntaf

patent a gyhoeddwyd ar 30 Hydref, 1888 , at John Loud , a

barcer lledr . Daeth y syniad i Loud pan oedd yn ceisio

i ysgrifennu ar ei gynnyrch a allai ganfod unrhyw ffynnon

pen a fyddai'n ysgrifennu ar lledr. Roedd pen Loud yn fach

cylchdroi pêl dur, dal yn eu lle gan soced . Fodd bynnag , mae hyn yn

Ni chafodd pen gweithgynhyrchu. Ac nid oedd unrhyw un o'r

350 batentau ar gyfer ysgrifbinnau pêl - fath a gyhoeddwyd dros y 50 nesaf

flynyddoedd . Y broblem fawr oedd yr inc - y corlannau gollwng

gyda inc tenau, ac yn rhwystredig gydag inc trwchus . Yn dibynnu ar

y tymheredd , byddai'r pen weithiau wneud y ddau .

László beiro , golygydd papur newydd Hwngari , yn rhwystredig

gan faint o amser y mae ei wastraffu yn llenwi i fyny ffynnon

pinnau ysgrifennu a glanhau tudalennau aneglur . Sylwodd fod

inciau a ddefnyddir mewn argraffu papur newydd wedi'u sychu yn gyflym , gan adael

y papur sych ac yn rhydd o strempiau , a phenderfynodd i greu

pen oedd yn defnyddio ei . Fodd bynnag, ni fyddai'r inc gludiog

llifo i mewn i nib pen ffynnon , felly beiro , gyda chymorth

ei frawd György , (ail) ddyfeisiodd y beiro a

patent yn 1938. corlannau cynharach oedd yn dibynnu ar ddisgyrchiant

i gyflwyno'r inc i'r bêl , a achosodd anawsterau

gyda'r llif ac yn ofynnol bod y pen yn cael ei gynnal bron

fertigol . Defnyddiodd y Biro pen gweithredu capilari a piston

bod pwysau y golofn inc , datrys y problemau hyn .

Canfu'r Prydain nad oedd beiros gollwng ar dir uchel ,

yn wahanol i corlannau ffynnon . Felly, maent yn trwyddedig dyluniad newydd hwn ac

yn cael ei gynhyrchu màs - y beiro Biro yn fuan ar gyfer

y Llu Awyr Brenhinol.

Yn fuan iawn cwmnïau eraill hefyd wedi dechrau cynhyrchu

pinnau ysgrifennu pelbwynt . Ond mae pob un ohonynt yn dal i wynebu llawer o broblemau .

Weithiau byddai'r corlannau gollwng , drochi y papur , neu

ag ysgrifennu yn esmwyth . Mae dau ddyn yn olaf datrys y materion hyn.

Y cyntaf oedd Americanwr o'r enw Patrick J. Frawley Jr

Ym 1949 , lansiodd ei gwmni ei beiro cyntaf,

y ' Mate Paper ' , y mae eu gwerthu pwynt oedd y dim- ceg y groth

inc . Yr ail oedd Ffrancwr o'r enw Marcel bich ,

a lansiodd llyfn - ysgrifennu clir - baril ,, nonleaky ,

beiro rhad yn 1952 ei fod wedi galw

y Bic Ballpoint . Roedd y beiro wedi dod o'r diwedd yn

offeryn ysgrifennu ymarferol !

siswrn

Mae'n debyg bod y siswrn cyntaf eu dyfeisio tua 1500

BC yn yr Aifft hynafol neu Mesopotamia a lledaenu'n araf

drwy weddill y byd hynafol trwy fasnach a

archwilio . Mae'r siswrn yn y ' siswrn gwanwyn '

amrywiaeth , sy'n cynnwys dau llafnau efydd sy'n gysylltiedig yn y

ymdrin gan tenau stribed, hyblyg o efydd crwm (y

ffwlcrwm) a oedd yn dal y llafnau mewn aliniad , gan ganiatáu

iddynt gael eu gwasgu at ei gilydd ac yn tynnu ar wahân pan

rhyddhau. Siswrn efydd Aifft o'r 3edd ganrif

BC yn cael eu gwrthrychau unigryw o gelf. Ar bob llafn ganddynt

ffigurau benywaidd canmol pob gwryw addurniadol a

eraill. Mae'r rhain yn cael eu ffurfio gan ddarnau cadarn o fetel o

inlaid liw gwahanol yn yr efydd .

Siswrn gwanwyn yn parhau i gael ei ddefnyddio yn Ewrop nes y

16eg ganrif. Ond yn neu o gwmpas 100 OC , crefftwyr Rhufeinig

siswrn traws - llafn datblygedig , lle mae'r bladeedges

croesi a llithro heibio i'w gilydd wrth dorri . Mae'r

dolennu ffwlcrwm yn dal i aros , fel bod y siswrn gorffwys

mewn safle agored ar ôl eu defnyddio . Daeth y rhain yn gyffredin

nid yn unig yn Rhufain hynafol , ond hefyd yn Tsieina, Japan a

Korea . Er bod y syniad traws - llafn yn dal i ddefnyddio mewn bron

pob siswrn modern , dim ond ychydig o amrywiaethau fel grassedging

gwellaif cadw'r ffwlcrwm .

Ar ryw adeg yn esblygiad y siswrn ', sef anhysbys

dyfeisiwr sylweddoli bod mwy o reolaeth gyda llai llaw

Gellid cryfder drwy rhoi'r gorau i'r ffwlcrwm ,

gwahanu'r siswrn i mewn i ddau ddarn (wedi ymuno â

sgriw neu rivet) a gwneud dolenni i bysedd . Yn y pumed

ganrif , yr ysgrifennydd Isidore o Seville , Sbaen , a ddisgrifir

siswrn traws - llafn gyda chanolfan colyn fel offer o'r

barbwr a theilwra . Siswrn golyn o'r fath efydd neu haearn

oedd y hynafiad uniongyrchol o siswrn modern.

Nid siswrn golyn a weithgynhyrchwyd mewn niferoedd mawr

tan 1761 pan gynhyrchwyd Robert Hinchliffe y pâr cyntaf

o siswrn modern - dydd a wneir o caledu a graenus

cast dur. Hinchliffe yn byw yn Sgwâr Cheney , Llundain ,

ac mae'n debyg y person cyntaf i roi allan arwyddfwrdd

cyhoeddi ei hun yn gwneuthurwr siswrn dirwy .

Yn ystod y 19eg ganrif , siswrn yn llaw - meithrin gyda

haddurno dolenni cywrain . Mae'r llafnau eu ffurfio

drwy ei forthwylio y dur ar arwynebau hindentio a elwir yn

penaethiaid , a'r cylchoedd yn y dolenni , a elwir yn bwâu ,

eu gwneud gan dyrnu twll yn y dur a ehangu

gyda'r pen pigfain o einion .

Yn 1967 , lansiodd y Gorfforaeth Fiskars eu enwog

siswrn oren - drin , sydd yn dal i fod yn boblogaidd iawn .

POST -IT NODIADAU

A Post-it neu gludiog nodyn hwn yn ddarn o ddeunydd ysgrifennu a gynlluniwyd

dros dro ar gyfer atodi nodiadau i ddogfennau a eraill

arwynebau. Er bod bellach ar gael mewn amrywiaeth o liwiau ,

Fel arfer, siapiau, a maint , nodiadau Post-it tri modfedd

sgwariau lliw melyn caneri . A low -tack unigryw

stribed gludiog y gellir eu hailddefnyddio ar y cefn yn caniatáu i'r nodiadau i fod yn

hawdd sydd ynghlwm a'i dileu heb adael marciau .

Mae'r term Post-it a lliw melyn caneri yn cael eu cofrestru

nodau masnach y cwmni Americanaidd 3M . Hyd nes y

1990au , pan fydd y patent ddod i ben, cawsant eu cynhyrchu yn unig

yn y ffatri 3M yng CYNTHIANA , Kentucky . er bod eraill

cwmnïau bellach yn cynhyrchu nodiadau ' gludiog ' neu repositionable ,

y rhan fwyaf o nodiadau Post-it y byd yn cael eu gwneud o hyd .

Yn 1968 , Dr Spencer Silver , fferyllydd yng 3M , yn

ceisio datblygu glud super - cryf , ond

yn lle creu isel - tack gellir eu hailddefnyddio, pressuresensitive ddamweiniol

gludiog . Am bum mlynedd , heb fawr o lwyddiant ,

Arian hyrwyddo ei ddyfais yn 3M yn anffurfiol

a thrwy seminarau . Dim ond yn 1974 y cydweithiwr

iddo, Dr Art Fry , a oedd wedi mynychu un o Arian yn

seminarau , feddyliodd am y syniad o ddefnyddio'r gludiog

i angori y nod tudalen yn ei lyfr emynau yn ystod

gwasanaethau yn yr eglwys . Fry Yna datblygodd y syniad ymhellach drwy

gan fanteisio ar 3M yn sancsiynu yn swyddogol a ganiateir

Polisi bootlegging : staff ymchwil oedd yn cael ei wario

10-15 y cant o'u hamser yn gweithio ar brosiectau anifeiliaid anwes .

Mae lliw melyn y gwreiddiol Post-it ei ddewis gan

Roedd damwain - labordy drws nesaf i'r tîm Post-it sgrap

papur melyn , a defnyddiodd y tîm ar gyfer ei arbrofion .

Yn y pen draw rheoli 3M yn argyhoeddedig a'r nodiadau

Lansiwyd yn 1977 mewn pedair dinas o dan yr enw Wasg

' N Peel . Gwerthiant cychwynnol yn siomedig iawn. Fodd bynnag,

flwyddyn yn ddiweddarach , dosbarthu 3M samplau am ddim i drigolion

Boise , Idaho a syfrdanol 94 y cant o'r bobl

a geisiodd eu dweud y byddent yn prynu'r cynnyrch.

Yn olaf , ar 6 Ebrill, 1980 , y cynnyrch debuted mewn siopau Unol Daleithiau

fel nodiadau Post-it . Yn 1981 , cawsant eu lansio yng Nghanada

ac Ewrop .

Oeddech chi'n gwybod ?

Mae'r nodyn Post-it ostyngedig wedi cael ei ddefnyddio i greu ddifrifol

gweithiau celf. Yn 2000 , i ddathlu 20 mlynedd ers

Nodiadau 'post -it , artistiaid greu gwaith celf arnynt . un o'r fath

gweithio, gan RB Kitaj , gwerthu am £ 640 mewn arwerthiant , gan ei gwneud yn

y nodyn Post-it mwyaf gwerthfawr ar gofnod .

staplers

Mae'r peiriant yn hysbys cyntaf ar gyfer cau papurau at ei gilydd

ei wneud yn y 18fed ganrif yn Ffrainc am yr unig

defnydd y Brenin Louis XV . Mae pob stwffwl wedi'u gwneud â llaw hyd yn oed yn

harsgrifio â'r arwyddlun y llys brenhinol . Fodd bynnag,

byth yn y peiriant hwn yn ei werthu , hyd yn oed wrth y defnydd cynyddol

o bapur yn y 19eg ganrif a grëwyd galw. Americanaidd

ac yn fuan dechreuodd dyfeiswyr Prydeinig patent amrywiol

peiriannau styffylwr - hoffi ac yn cyflwyno nifer cystadlu

technolegau yn y farchnad . Mae'r frwydr yn para mor ddiweddar â'r

1940au am un rheswm syml : nad oes unrhyw un wedi gwneud pethau'n hollol iawn !

Er enghraifft , yn 1895 , y EH Hotchkiss Cwmni

Norwalk , Connecticut , dechreuodd gwerthu eu hyn a elwir yn Rhif 1

Papur Fastener . Mae'r peiriant yn defnyddio stribed hir o wiredtogether

styffylau a diolch i ei ddefnydd hawdd - o - , daeth felly

boblogaidd a daeth i'w adnabod yn syml fel 'y Hotchkiss . '

Fodd bynnag , roedd y cynllun strôc trwm ar y

plunger peiriant i wahanu'r styffylau o'u stribed

a gyrru i mewn i bentwr o bapur . Yn wir , Hotchkiss

defnyddwyr yn aml yn cadw morthwylion pren bach yn barod ar gyfer y diben hwn .

Ar wahân i batentau , y defnydd a gyhoeddwyd gyntaf y gair

styffylwr oedd mewn hysbyseb ar gyfer y Papur Pin Ganrif

Styffylwr a ymddangosodd yn Magazine America Munsey yn

yn 1901 . Fodd bynnag, nes y 1920au , termau fel papur

clymwr , peiriant styffylu , a rhwymwr stwffwl yn cael eu defnyddio i ddisgrifio'r hyn yr ydym bellach a elwir yn staplwr .

Cyfanwerthwr Stationery Jack Linksy sefydlwyd Swingline ,

sydd wedyn aeth ymlaen i fod yn un o'r gorau - hysbys

brandiau cau ddogfen, yn y 1930au . Ym 1937 ,

Datblygu Swingline y Rhif Swingline Cyflymder Stapler

3 - y ddyfais top- lwytho gyntaf. Daeth yn syth

boblogaidd oherwydd ei bod yn hawdd - o-ddefnydd . Yn wahanol i fodelau cynharach,

lle'r oedd angen sgriwdreifer a morthwyl i fewnosod

y styffylau , Linksy a'i peirianwyr creu patent

uned lle ben y peiriant agorwyd yn syml

a'r styffylau gollwng iawn mewn

Mae'r styffylwr modern wedi aros bron yn ddigyfnewid

ers Linksy perffeithio yn 1937. Swingline hefyd yn cael ei gredydu

gyda chreu cynhyrchion sydd wedi dod yn diwylliant pop

tirnodau , megis y model coch yn ymddangos yn y cwlt

ffilm Gofod Swyddfa . Modelau trydan eu dyfeisio yn y

1950au , a oedd yn gwneud y ddogfen cau haws nag erioed .

Oeddech chi'n gwybod ?

Hyd heddiw , y gair am styffylwr yn Siapan yn hochikisu ,

er bod y Cwmni Hotchkiss wedi bod yn hir allan o

busnes .

sharpeners pensil

Cyn i'r datblygiad o sharpeners ymroddedig, cyllyll

(fel pen - cyllyll) yn cael eu defnyddio i hogi pensiliau gan

eu naddu . Mae rhai mathau arbenigol o bensiliau , megis

pensiliau saer , yn dal i hogi gyda chyllell

oherwydd eu unigryw fflat siâp - a gynlluniwyd i atal

nhw rhag rholio i ffwrdd.

Yn 1828 , mathemategydd Ffrengig o'r enw Bernard

Ddyfeisiodd Lassimone y miniwr pensil mecanyddol cyntaf

a gwneud cais am batent . Mae'r miniwr a ddefnyddiwyd metel bach

ffeiliau gosod ar 90 gradd mewn bloc o bren sy'n crafu a

ddaear blaen y pensil yn . Fodd bynnag, nid yw ei ddyfais yn

llawer cyflymach nag naddu ac felly nid oedd yn dal ar . Yn 1847 ,

Ffrancwr arall o'r enw Therry des Estwaux gwella

ar gynllun Lassimone a daeth o hyd i miniwr sy'n

cael eu gweithio gan troelli y pensil mewn tai siâp côn .

Heddiw cynllun hwn yn cael ei adnabod fel y miniwr prism .

Walter Foster Bangor , Maine , gwella a symleiddio

Dylunio Estwaux yn 1855 , gan ganiatáu i'r offeryn fod yn hawdd

màs - cynhyrchu , ac erbyn y 1880au , sawl cwmni yn

gweithgynhyrchu sharpeners prism mewn symiau mawr .

Rhwng y 1880au a'r 1910au , nifer o dyfeiswyr

103 Bob dydd Inventions.indd 18 5/22/13 09:37:34

19

sharpeners pensil

a chwmnïau yn cymryd yr her o wella

miniwr pensil mecanyddol . Y cyfnod hwn o arloesi

a ddaeth i ben bron erbyn canol y 1910au , pan pensil sharpeners

gan ddefnyddio dau silindrau planedol gyda throell torri ymylon

dechreuodd dominyddu'r farchnad . Mae'r cynllun wedi llwyddo

oherwydd bod pobl yn cydnabod bod y dull cywir i

pensiliau hogi oedd cynnal y pensil a

miniwr gyson a gadael y gwaith mewnol yn symud

unffurf dros y pensil , hogi ei . Mae'r ymdrechion cyntaf

i weithredu papur gwydrog dylunio ymgorffori o'r fath a /

neu llafnau , nid un ohonynt yn gweithio'n dda iawn. Yna , yn

1896 AB Dick Planedau Pensil Pointer ei patent .

Mae'r miniwr defnyddio dau disgiau melino a ' troi

gwmpas eu echelinau fel y maent yn orbited flaen y pensil ' ,

sef yr hyn a elwir yn ddull planedol .

Yn 1904 , roedd y OLCOTT uchafbwynt Pensil miniwr ymhellach

gwella'r dyluniad drwy gyflwyno torri silindrog

pen gyda throell torri ymylon mewn mecanwaith planedol .

Gyda'r unig eithrio'r syml , rhad

miniwr prism , dylunio hwn wedi parhau i dra-arglwyddiaethu

y farchnad. Y prif newid ers hynny wedi bod yn

cyflwyno trydan ar gyfer troi'r pen torri .

Sharpeners pensil trydan o'r fath ar gyfer swyddfeydd wedi cael eu gwneud

ers o leiaf 1917 , ond nid oedd yn dod yn wir yn fasnachol

hyfyw tan y 1940au .

Selotep a SCOTCH TAPE

Tâp Scotch , enw brand o 3M , ei ddatblygu yn y

1930au yn Minneapolis , Minnesota gan y dyfeisiwr Americanaidd

Richard Gurley Drew . Pan ymunodd Drew 3M yn 1923 ,

mae'n weithgynhyrchir yn bennaf papur gwydrog a sgraffinyddion eraill.

Un prynhawn , Drew , a oedd yn gynorthwy-ydd labordy ifanc yn y

amser , ymwelodd siop corff modurol yng St Paul , Minnesota , i

profi swp newydd o bapur tywod . Yno dod o hyd rhai iawn

gweithwyr yn flin. Swyddi paent auto Dau - lliw , a oedd yn

boblogaidd ar y pryd , yn gofyn iddynt i guddio rhai rhannau

y car gan ddefnyddio tâp gludiog trwm a hen bapurau newydd .

Ar ôl y paent sych , maent yn symud y tâp - ac yn aml

plicio i ffwrdd rhan o'r paent newydd!

Sylweddoli Drew fod marchnad ar gyfer dâp gyda llai

Dechreuodd gludiog ymosodol ac yn y blaen hir a rhwystredig

ymchwil am y cyfuniad cywir o ddeunyddiau. Treuliodd ddwy

blynyddoedd yn arbrofi cyn datblygu fformiwla sy'n

Cadwyd gludiog gyda'r ychwanegiad o Glyserin ac a gefnogir

gyda papur crêp . 3M lansio o'r diwedd masgio Drew

tâp yn 1925 . Roedd gan y dyluniad gwreiddiol gludiog ar hyd ei

ymylon ond nid yn y canol. Yn ei redeg prawf cyntaf , mae'n disgyn i ffwrdd

y car ac yn arlunydd auto rhwystredig growled yn Drew ,

' Cymerwch tâp hon yn ôl i benaethiaid Scotch rhai chi! ' Erbyn

Sgotaidd ei fod yn golygu gybyddlyd . Mae'r llysenw sownd .

Er gwaethaf hyn , aeth Drew yn ôl i'r gwaith a dechreuodd

datblygu gorchudd gwrth-ddŵr ar gyfer ceir rheilffordd . un diwrnod

siaradodd gyda chyd- ymchwilydd 3M a oedd yn ystyried

pecynnu 3M masgio rholiau tâp mewn seloffen , newydd

lapio lleithder - brawf a grëwyd gan DuPont . Pam, Drew

meddwl tybed , ni ellid seloffen gael ei orchuddio gyda glud

a'u defnyddio fel selio tâp ar gyfer ei geir rheilffordd ?

Ym mis Mehefin 1929 , gorchmynnodd Drew 100 llath o seloffen gyda

i gynnal arbrofion . Yn fuan dyfeisio cynnyrch

sampl a oedd yn dangos addewid ar gyfer pecynnu pob math o

cynhyrchion. Ond roedd yn anodd i wneud cais gludiog gyfartal

ar seloffen , a oedd yn rhannu yn hawdd yn ystod y peiriant

cotio . Cymerodd Drew dros flwyddyn i ddatrys y problemau hyn

ac nid oedd tan ddiwedd 1930 y 3M lansio o'r diwedd

Tâp seloffen Scotch . Aeth ymlaen i fod yn un o'r

rhan fwyaf o gynnyrch enwog a ddefnyddir yn eang yn hanes

3M . Mae ei lwyddiant yn nodi cychwyn y cwmni

arallgyfeirio , ac yn eu helpu i ffynnu er gwaethaf y

Dirwasgiad Mawr .

Selotep , a lansiwyd gan Saeson Colin Kininmonth

a George Gray yn 1937 , yw'r tâp gludiog sy'n arwain brand

yn y D.U. , India a gwledydd eraill. Cafodd ei greu gan

ffilm seloffen cotio gyda resin rwber naturiol.

FLUID CYWIRIAD

Hylifau cywiro cynnar yn nodweddiadol inciau gwyn , a oedd yn

Nid oedd cyd-fynd â'r lliw papur yn dda iawn , cynhaliwyd hir

amser i sychu , a oedd yn anodd i ysgrifennu drosodd. Un o'r

hylifau cywiro modern cyntaf ei ddyfeisio yn 1951 gan

ysgrifennydd o Dallas , Texas , a enwyd Bette Nesmith

Graham . Dechreuodd Graham weithio fel swyddog gweithredol

ysgrifennydd yn fuan ar ôl yr Ail Ryfel Byd . Penderfynodd yn fuan i

ddod o hyd i ffordd well i gywiro gwallau teipio ei .

Un diwrnod yn rhoi Graham rai paent seiliedig ar ddwr tempera ,

lliw i gyd-fynd â'r offer swyddfa a ddefnyddir hi , mewn potel ,

a chymerodd ei brwsh dyfrlliw i weithio . Mae hi'n defnyddio hyn i

cywiro camgymeriadau teipio ei a gwelwyd bod ei bos byth

sylwi . Yn fuan yn gweld ysgrifennydd arall y ddyfais newydd

a gofynnwyd i rai. Dod o hyd Graham botel gwyrdd yn y cartref ,

Ysgrifennodd Mistake Allan ar label , a roddodd ef i'w ffrind .

Yn fuan holl ysgrifenyddion yn yr adeilad eisiau hefyd.

Ym 1956 , dechreuodd Graham y Mistake Out Company (yn ddiweddarach

ailenwyd Papur Hylifol) o'i chartref Gogledd Dallas . Mae hi'n

troi ei chegin i mewn i labordy , cymysgu gwell

cynnyrch yn y cymysgydd . Mae ei mab , Michael Nesmith , yn ddiweddarach

yn enwog fel canwr / gitarydd band poblogaidd 1960au Y

Monkees , a'i ffrindiau llenwi poteli ar gyfer cwsmeriaid .

I ddechrau gwneud Graham ychydig o arian er gwaethaf nosweithiau gweithio

ac ar y penwythnos i lenwi archebion. Un diwrnod , fodd bynnag , gwnaeth hi

gwall teipio yn y gwaith , a oedd yn na allai hyd yn oed yn Mistake Allan

gywiro , a oedd yn tanio . Yna penderfynodd neilltuo ei holl

amser i ei chwmni newydd , a busnesau ffynnu yn fuan .

Daeth Papur Liquid fusnes miliwn doler erbyn 1967.

Brand mawr arall o hylif cywiro yn wite - Allan , sydd bellach yn

a weithgynhyrchir gan y Gorfforaeth BIC . Mae ei hanes yn dyddio o

1966 , pan George Kloosterhouse , yswiriant - gwmni

clerc , sylwi bod hylif cywiro cyfoes yn tueddu

i smwtsio'r inc ar llungopïau . Kloosterhouse , gyda

chymorth fferyllydd Edwin Johanknecht , yna datblygu

' Wite Out - WO - 1 ddileu Liquid ' yn benodol ar gyfer

llungopïau . Ym 1971 , maent yn sefydlu Cynhyrchion wite - Allan

Inc i'w werthu.

Ffurfiau cynnar o wite Allan gwerthu trwy 1981 DŴR

ac sy'n toddi mewn dŵr . Er bod hyn yn ei gwneud yn hawdd i'w glanhau,

mae hefyd yn cymryd mwy o amser i sychu ac nid oedd yn gweithio'n dda ar nonphotocopier

gyfryngau megis dogfennau deipio .

Mae'r cwmni yn mynd i'r afael â'r problemau hyn ym mis Gorffennaf 1990 erbyn

cyflwyno , sychu cyflym sy'n seiliedig ar doddyddion , 'Er Popeth '

hylif cywiro . Heddiw , Papur Liquid a wite - Allan yn parhau i fod

brandiau hylif cywiro mwyaf poblogaidd yng Ngogledd America ,

Awstralia, a Brasil , tra TIPP - Ex yn boblogaidd yn Ewrop .

clociau larwm

Mae pobl wedi bod yn gwneud amseryddion â braw

mecanweithiau ers yr hen amser . Yr athronydd Groegaidd

Dywedwyd bod Plato i feddu ar gloc ddŵr fawr gyda

signal larwm tebyg i sŵn organ dŵr. Mae'r

Gosod peiriannydd Helenistaidd a dyfeisydd Ctesibius ei

clociau dŵr gyda systemau larwm cywrain, a allai

yn cael ei wneud i ollwng cerrig ar gong neu ergyd utgyrn yn

cyfnod cyn -set . Mae llawer o clociau larwm phweru - dŵr mawr ,

er nad yn gywir iawn , eu hadeiladu yn Ewrop , Tsieina , a

y byd Arabaidd yn ystod y canrifoedd nesaf . Roeddent yn

arbennig o boblogaidd yn mynachlogydd , lle roedd mynachod i

siant gweddïau ar adegau penodol .

Mae'r clociau mecanyddol cyntaf bweru gan bwysau sy'n dod

eu gwneud yn y 14eg ganrif. Mae rhai o'r tyrau cloc yn

Gorllewin Ewrop a adeiladwyd yn ystod y cyfnod hwn oedd yn gallu

chiming ar adeg penodol bob dydd . Mae'r Fflorens enwog

yn 1319 , a ddisgrifir awdur Dante Alighieri , yn ei ysgrifau

un o'r cynharaf o glociau mecanyddol hyn. y mwyaf

tŵr cloc trawiadol gwreiddiol enwog dal i sefyll yn

o bosibl yr un yn Sgwâr Sant Marc, Fenis , a oedd yn

ymgynnull yn 1493 .

Clociau larwm mecanyddol User- settable bendant yn dyddio'n ôl i Ewrop o'r 15fed ganrif o leiaf . Mae'r rhain yn
larwm yn gynnar

Roedd gan clociau cylch o dyllau yn y deialu cloc ac wedi eu gosod

drwy roi pin yn y twll priodol . Mae'r ddyfais

y gwanwyn yn caniatáu clociau i fod yn llai. Erbyn
Roedd 1620 , clociau cartref yn eu defnyddio ac mae rhai hyd yn oed wedi
mecanweithiau larwm .

Mae wedi cael ei datgan yn anghywir bod Levi Hutchins , a
oriadurwr o Concord , New Hampshire , dyfeisiodd
y cloc larwm cyntaf er mwyn deffro ei hun i fyny mewn pryd ar gyfer
ei swydd . Mae'n wir bod yn 1787 , yn sownd Hutchins gweithfeydd
cloc mawr yn cabinet llai, mewnosod piniwn
neu offer , ac yn aros ar gyfer dyfodiad 04:00 . pan pedwar
diwedd daeth o'r gloch o gwmpas, yr offer ei faglu , a oedd yn
gosod cloch yn y cynnig . Fodd bynnag , dyfais Hutchins ' ei wneud
yn unig ar gyfer ei hun , dim ond ffoniodd yn 4 AC a chadw ffonio nes
rhedeg y gwanwyn allan . Ar ben hynny , dyfeiswyr eraill wedi cael
syniadau tebyg o'r blaen. Y dyfeisiwr Ffrangeg Antoine Redier
oedd y cyntaf i patent cloc larwm mecanyddol addasadwy
yn 1847 . Mae Seth Thomas Cloc Company of Connecticut ,
UDA , rhoddwyd patent yn 1876 ar gyfer wrth ochr y gwely bach
cloc larwm . Yn y 1870au hwyr , daeth clociau mor boblogaidd
a dechreuodd holl brif gwmnïau cloc eu gwneud .

Oddi yno ar , symudodd pethau yn gyflym . Mae'r larwm yn ailadrodd yn
dyfeisio , trydan moduron yn caniatáu i symud dwylo, a
larwm yn bipian , chirps , a chaneuon disodli sŵn clychau .

PENSILIAU MECANYDDOL
Tan ddechrau'r 20fed ganrif, gwneuthurwyr
ddeiliaid arweiniol a gynhyrchir yn hytrach na gwir mecanyddol

pensiliau. Mae deiliad arweiniol yn syml tiwb sy'n dal ffon

plwm, heb unrhyw ffordd i symud ymlaen neu retract arwain gan ei fod yn

yn cael ei ddefnyddio i fyny. Daethpwyd o hyd yn un o ddeiliaid arweiniol cynharaf

ar fwrdd y llanast y llong ryfel Brydeinig HMS Pandora,

a suddodd ym 1791 ar ôl rhedeg ar lawr ar y Great

Barrier Reef ger yr arfordir o Awstralia. Mae'r deiliad arweiniol

ei rannu'n ddau hanner am tua thri-chwarter ei

hyd, fel y gallai un hanner gael ei symud i roi newydd

graffit 'arwain' y tu mewn. Thomas Jones o Whitechapel,

Llundain, wedi patent y math hwn o pensil yn 1783.

Y patent cyntaf ar gyfer pensil eu hail-lenwi gyda phlwm-yrru

mecanwaith gyhoeddwyd yn 1822 ym Mhrydain i Sampson

MORGAN a John Hawkins. Nid yw eu ddyfais yn wir

pensil mecanyddol, gan fod defnyddwyr i gario darnau gwisg

o arwain yn eu pocedi i'w defnyddio yn ôl yr angen.

Cwmni MORGAN yn parhau i gynhyrchu pensiliau

ac ystod eang o arian gwrthrychau hyd at yr Ail Ryfel Byd.

Mae mwy na 160 o batentau yn ymwneud â pensiliau mecanyddol yn

a gyhoeddwyd rhwng 1822 a 1874. Er enghraifft, AW Faber

o'r Almaen creu model o gwmpas 1860. Mae'r pensil ei farchnata tuag at drafftwyr pensaernïol ac roedd yn

pant fel y gellid ei gosod arweiniad hirach. Yn 1861,

Faber hefyd patent y mecanwaith cydiwr Twist-gloi

ar gyfer pensiliau. Mae'r pensil mecanyddol cyntaf sbring yn

patent yn 1877 a mecanwaith tro-bwyd anifeiliaid yn 1895.

Yn Japan, cyflwynodd Tokuji Hayakawa y Erioed-Ready

Pensil Sharp yn 1915, yn cynnwys siafft metel gwydn

wneud o nicel, mecanwaith sy'n seiliedig sgriw-, a

arwain miniog. Dechreuodd y cyn bo hir Erioed-Sharp gwerthu mewn print rhifau. Aeth Hayakawa ei hun ymlaen i dod o hyd i'r

Gorfforaeth Sharp. Enwyd ar ôl ei pensil, heddiw ei fod yn

gwmni electroneg rhyngwladol.

Tua'r un pryd, Americanaidd Charles R. Keeran

yn datblygu pensil tebyg gydag arweiniad tenau iawn

a fyddai'n dod yn rhagflaenydd y rhan fwyaf o heddiw

pensiliau. Ei gynllun, a enwodd y Eversharp, roedd

ergonomaidd gadarn, yn hawdd i gynhyrchu, yn ddibynadwy, a

gwydn. Fe'i clicied-seiliedig, tra Hayakawa oedd

seiliedig-sgriw. Mae Wahl Cwmni Chicago prynu allan

Keeran yn 1917 a dechreuodd werthu ei pensiliau mecanyddol

gan y miliynau. Gweithgynhyrchwyr eraill, megis SHEAFFER,

Yn fuan yn dilyn Parker, a Waterman. Heddiw mae'r uniongyrchol

Gall ddisgynyddion o bensiliau clasurol hyn i'w cael mewn unrhyw

deunydd ysgrifennu neu siop swyddfa cyflenwad.

STAMPS POSTIO

Mae nifer o bobl wedi gosod hawliad i'r cysyniad o

stamp postio. Yn 1680, William Dockwra a'i bartner

Sefydlodd Robert Murray y Post Penny Llundain,

a oedd yn cyflenwi llythyrau a pharseli bach yn Llundain am

ceiniog. Mae llawer o haneswyr yn ystyried hyn i fod yn y byd

gwasanaeth post modern cyntaf. Yn wahanol post heddiw, fodd bynnag,

postio dim ond talu ar ôl y llythyr ei gyflwyno

a'i dderbyn.

Yn 1835, roedd y gwas sifil Awstria-Hwngari Lovrenc

Awgrymodd Koširy y defnydd o 'treth post osod yn artiffisial

stampiau 'gan ddefnyddio papieroblate gepresste (wafferi papur gwasgu).

Mae argraffydd a chyhoeddwr yr Alban, James Chalmers, hefyd

yn honni i fod yn dyfeisiwr y stamp gludiog

a chyflwyno cynnig i'r Swydd Cyffredinol Prydain

Swyddfa yn 1838.

Fodd bynnag, stampiau wrth i ni eu gwybod yn gyntaf

gyflwyno yn y Deyrnas Unedig yn 1840 fel rhan o

diwygiadau post a hyrwyddir gan athro, dyfeisiwr, a chymdeithasol

diwygiwr Syr Rowland Hill.

Nod mwy Hill oedd gwrthdroi'r colledion ariannol cyson

Swyddfa'r Post a'i brosiect Daeth yn adnabyddus fel

Diwygio Swyddfa'r Great Post. Roedd yn argyhoeddedig y Senedd i

mabwysiadu'r Gwisg Fourpenny Post, a aeth i mewn i

effaith yn 1839. Mae'r stamp post rhagdaledig cyntaf, mae'r geiniog

du, ei roi ar werth Mai 1840. Dau ddiwrnod yn ddiweddarach y

glas dau-ceiniog ei gyflwyno. Mae'r stampiau cynnwys

cynnwys engrafiad o'r 'ifanc Frenhines Victoria. Ond du yn

Nid yw dewis da o liw stamp ers i unrhyw ganslo

marciau yn anodd gweld. Felly, o 1841 ymlaen, y stampiau

yn cael eu hargraffu mewn lliw brics-coch. Mae gwledydd eraill yn fuan

dilyn eu stampiau eu hunain. A gyhoeddwyd Swistir y

Zurich 4 a 6 rappen yn 1843. Gyhoeddwyd Brasil Llygad y Bull yn

stampio'r un flwyddyn, gan ddewis ar gyfer dylunio haniaethol yn lle hynny

o bortread o Ymerawdwr Pedro II-fel y marc post

Ni fyddai anharddu'r ei ddelwedd. Mae'r stampiau cyntaf yn India

a gyhoeddwyd yn Hydref 1854 gyda pedwar o werthoedd: hanner anna,

un anna, dau Annas (mewn gwyrdd), a phedwar Annas. Mae'r olaf

yn un o stampiau bicoloured cyntaf y byd - mewn coch a

glas. Pob un o'r pedwar amrywiadau cynnwys proffil fabolaidd y Frenhines

Victoria ac eu dylunio a'u hargraffu yn Calcutta.

Yn dilyn cyflwyniad y stamp post, y

cynyddu nifer o lythyrau yn y DU yn ddramatig. Erbyn

1850, mae nifer o lythyrau a anfonwyd wedi cynyddu o 76

miliwn i 350 miliwn, ac yn parhau i dyfu nes bod y

ddiwedd yr 20fed ganrif. Heddiw, fodd bynnag, e-byst yn cael

yn sylweddol lleihau'r defnydd o stampiau post.

Teipiaduron

Mae nifer o bobl yn cyfrannu at y gwaith o ddatblygu

deipiaduron llwyddiannus yn fasnachol. Eidaleg Pellegrino Turri

ddyfeisiodd y teipiadur gwaith cyntaf yn 1808; y llythrennau wedi'u teipio

ar ei beiriant yn dal i fodoli. Dyfeisiodd hefyd Turri papur carbon i

rhoi inc ar gyfer ei beiriant. Mae llawer o peiriannau cynnar, gan gynnwys

Turri, yn cael eu datblygu i alluogi'r deillion i ysgrifennu.

Rhwng 1829 a 1870, mae llawer o ddyfeiswyr yn Ewrop a

America patent peiriannau argraffu neu deipio, ond nid oes

ohonynt yn mynd i mewn i gynhyrchu masnachol. Mae rhai o'r rhain

peiriannau yn cynnwys dyfais Americanaidd Charles Thurber i

cynorthwyo y deillion yn 1843, prototeip Eidaleg Giuseppe Ravizza yn

teipiadur o'r enw Cembalo scrivano o macchina da scrivere yn tasti,

peiriant ar gyfer ysgrifennu gydag allweddi yn 1855 ac yn offeiriad Brasil

Teipiadur Francisco João de Azevedo yn 1861.

Ym 1865, Parch Rasmus Malling-Hansen o Denmarc dyfeisio

Ysgrifennu Ball Hansen, mae'r fasnachol cyntaf a werthir

teipiadur. Aeth i mewn i gynhyrchu yn 1870. Ei nodedig

nodwedd yn drefniant o 52 allweddi ar pres mawr

hemisffer. Mae'r peiriant hwn yn llwyddiannus yn Ewrop a

a ddefnyddir mewn swyddfeydd yn Llundain tan 1909.

Y teipiadur cyntaf i fod yn llwyddiannus yn fasnachol oedd y

Remington Rhif 1. Dyfeisiwr Americanaidd Christopher Sholes

ei chynllunio gyda rhywfaint o help gan Samuel Soule a Carlos

Glidden. Y peiriant hwn fasnacheiddio fel y Sholes

a Glidden Type-Writer, a oedd tarddiad y term

teipiadur. Mireinio william K. Jenne ymhellach dylunio Sholes '

a dechreuodd y Cwmni Remington cynhyrchu ei cyntaf

teipiadur yn 1873 Pris $ 125.

Roedd y Remington Rhif 1 peintio blodau a decals a

edrych yn fwy fel peiriant gwnïo. Roedd yn cynnwys elfennau

megis platen silindrog a'r QWERTY pedwar-rhwyfo cyntaf

bysellfwrdd, sydd, oherwydd llwyddiant y peiriant, yn fuan

a fabwysiadwyd gan wneuthurwyr teipiadur eraill. Ond mae peiriant hwn

dim ond argraffu llythyrau uchaf-achos. Mae arloesi sylweddol

yn hanes deipiaduron oedd yr allweddi sifft a clo sifft,

a oedd yn caniatáu y ddau uchaf-achos ac is-achos allbwn o

yr un bysellfwrdd. Mae hyn yn nodwedd yn helpu i symleiddio teipydd

gweithredu a lleihau costau gweithgynhyrchu, gan leihau'r

pris deipiaduron. Mae'r teipiadur cyntaf gydag allwedd sifft yn

y Remington Rhif 2 1878.

Nid teipiaduron yn dod yn gyffredin mewn swyddfeydd tan ar ôl y

canol-1880au. Mae hyn yn galluogi merched i ymuno â'r gweithlu yn fawr

rhifau am y tro cyntaf. Erbyn 1909, 89 teipiadur ar wahân

gweithgynhyrchwyr yn bodoli yn yr Unol Daleithiau yn unig, ac erbyn 1910,

y teipiadur mecanyddol wedi cyrraedd dyluniad safonol.

Teipiaduron ELECTRIC

Roedd y Universal Stoc Ticker ddyfeisiwyd gan Thomas Alva
Edison yn 1870. Cafodd yr argraffydd trydan poblogaidd signalau
o linell delegraff a llythyrau allbwn yn awtomatig ac yn
rhifau, prisiau stoc yn bennaf, ar dâp bapur. Edison yn ddiweddarach
adeiladu teipiadur cael ei yrru gan gyfres o fagnetau, ond yr oedd yn
mawr, yn ddrud ac yn fasnachol aflwyddiannus.

Mae'r teipiadur trydan cyntaf ymarferol ei datblygu gan
Americanaidd George Blickensderfer a lansiwyd gan ei
cwmni, sy'n seiliedig yn Stamford, Connecticut, yn 1902. The Blick
Roedd Electric rhai manteision o teipiaduron trydan yn ddiweddarach,
gan gynnwys cyffyrddiadau ysgafn allweddol, hyd yn oed yn teipio, a awtomatig
ffurflenni cerbyd. Y peiriant ei bweru gan Emerson
modur trydan. Ond hyd yn oed nad oedd hyn yn fasnachol
llwyddiannus, efallai am ei fod wedi'i deipio yn araf neu oherwydd
Nid yw cyflenwad trydan wedi eu safoni eto.

Dyfeisio james Smathers o Kansas City, Missouri, y
teipiadur a weithredir pŵer-ymarferol cyntaf. Smathers
yn awyddus i gynyddu cyflymder teipio a lleihau blinder
ac roedd wedi cwblhau model gweithio erbyn 1912. Yn
1923, y Gogledd-ddwyrain Electric Company of Rochester, New
Efrog, wedi caffael patent Smathers '. Gogledd-ddwyrain ymhellach
dylunio Smathers datblygedig 'fel y gallent farchnata i
gweithgynhyrchwyr teipiadur. Yn 1925, fe'i defnyddiwyd i lansio
y deipiaduron Remington Electric. Ac yn 1929, Gogledd-ddwyrain
mynd i mewn i'r busnes teipiadur ar gyfer ei hun, cynhyrchu'r
Typewriter electromatic gyntaf.

Ym 1935, IBM, a oedd wedi caffael y electromatic
technoleg, ail-ddylunio a lansio fel IBM Electric

Model teipiadur 01. Ymunodd Smathers IBM, lle y

parhau i weithio ar deipiaduron. Yn 1941, lansiodd IBM

Model electromatic 04, a gyflwynodd gyfrannol

gofod llythyr (cornio) lle'r oedd llythyrau fel 'i,' a 'w'

gwahanol led. Mae hyn yn arloesi a wnaed teipio

dogfennau edrych yn fwy fel tudalennau printiedig. Ym 1961, IBM

lansiodd y Selectric chwyldroadol, a oedd yn dileu

'Jamiau' ac yn caniatáu newidiadau ffont cyflym trwy argraffu gyda

'typeball' bach, spherical yn hytrach na bariau math traddodiadol.

Selectric dominyddu y farchnad teipiadur swyddfa am o leiaf

ddau ddegawd. Fersiynau diweddarach hefyd yn ychwanegu y gallu i gywiro

camgymeriadau teipio a newid maint y ffont mewn dogfennau.

Dechreuodd teipiaduron electronig yn lle rhai trydan yn y

1980au cynnar. Mae'r rhain yn peiriannau, a arloeswyd gan Xerox, Brother,

a Canon, roedd prosesyddion geiriau gynnar. Roedd ganddynt electronig

atgofion, arddangosfeydd, sillafu a gwirwyr gramadeg, a

drives ddisg. Heddiw, cyfrifiaduron personol a laser neu inkjet

argraffwyr wedi cymryd lle teipiaduron electronig.

Seloffen

Seloffen yn ddalen denau, tryloyw a wneir o

cellwlos atgynyrchiedig, polymer naturiol o glwcos

gafwyd mewn symiau mawr o fwydion pren neu lint cotwm.

Mae'n fioddiraddadwy 100 y cant, a'i hydreiddedd isel

i'r aer, olew, saim, bacteria a dŵr yn ei gwneud yn ddefnyddiol

ar gyfer pecynnu bwyd.

Seloffen deillio o gyfres o ymdrechion a gynhaliwyd

ar ddiwedd y 19eg ganrif i gynhyrchu deunyddiau artiffisial

gan y newid cemegol seliwlos. Yn 1892, Saesneg

cemegwyr Charles F. Cross ac Edward J. Bevan patent

viscose, ateb o seliwlos trin â soda costig

a deusylffid carbon.

Seloffen ei ddyfeisio gan fferyllydd Swistir Jacques Edwin

Brandenberger. Unwaith y Brandenberger oedd yn eistedd ar

bwyty yn 1900 pan fydd cwsmer yn sarnu win ar y

lliain bwrdd. Gan fod y gweinydd yn lle'r brethyn, penderfynodd

i ddyfeisio ffilm hyblyg clir i wneud cais i brethyn, gan ei gwneud yn

dal dŵr. Ei syniad cyntaf oedd i chwistrellu gorchudd dal dŵr

ar ffabrig a dewisodd i roi cynnig ar viscose. Mae'r canlyniadol gorchuddio

ffabrig yn llawer rhy stiff, ond mae'r ffilm clir yn hawdd gwahanu

o'r brethyn cefnogaeth a gadawodd ei gynlluniau gwreiddiol

gan fod y posibiliadau o ddeunydd newydd hwn daeth yn amlwg.

Cymerodd ddeng mlynedd ar gyfer Brandenberger i berffeithio ei ffilm, a oedd yn

ei fod wedi enwi seloffen, o'r seliwlos geiriau a

diaphane ('tryloyw'). Ei brif arloesedd oedd ychwanegu

Glyserin i feddalu y deunydd. Erbyn 1912, yr oedd wedi adeiladu

peiriant i gynhyrchu y ffilm a patent iddo.

Gwelodd seloffen gwerthiannau cyfyngedig ar y dechrau gan ei fod yn dal dŵr,

ond nid lleithder prawf - mae'n cynnal dŵr ond roedd yn athraidd

i anwedd dŵr. Mae hyn yn golygu ei bod yn anaddas i

pecynnu cynnyrch oedd angen atal lleithder.

Mae'r cwmni cemegol Americanaidd Du Pont llogi fferyllydd

William Hale Charch, a dreuliodd dair mlynedd yn datblygu

a lacr nitrocellulose pan gymhwyso i seloffen

ei gwneud yn lleithder prawf. Yn dilyn ei gyflwyno yn 1927,

gwerthiant y deunydd yn treblu rhwng 1928 a 1930. Erbyn 1938,

Seloffen yn cyfrif am 10 y cant o werthiant Du Pont yn

a 25 y cant o'i elw.

Ffilm seliwlos wedi cael ei weithgynhyrchu yn barhaus

ers canol y 1930au ac fe'i defnyddir hyd heddiw. Ar wahân i fwyd

pecynnu, mae wedi llawer o geisiadau diwydiannol yn ogystal,

fel canolfan ar gyfer tapiau hunan-gludiog, lled-athraidd

bilen a ddefnyddir mewn rhai mathau o fatris, fel dialysis

tiwbiau, tiwbiau diwbin, ac fel asiant rhyddhau yn y

gweithgynhyrchu gwydr ffibr a chynhyrchion rwber.

Rwberi

Rwberi neu rwberi nodweddiadol yn cael eu gwneud o rwber synthetig.

Rwberi codi gronynnau graffit, a thrwy hynny cael gwared pensil

marciau o wyneb o bapur. Mae hyn yn gweithio oherwydd bod y

moleciwlau mewn dilëwyr yn 'gludiog' na'r papur, felly pan

y rhwbiwr ei rwbio ar y marc pensil, mae'r graffit

glynu at y rhwbiwr, yn hytrach na'r papur.

Cyn rhwbwyr rwber, tabledi o rwber neu gwyr yn cael eu defnyddio

i ddileu plwm neu siarcol marciau o bapur. Darnau o garw

carreg megis tywodfaen neu pwmis yn cael eu defnyddio i gael gwared ar

camgymeriadau bach o ddogfennau memrwn neu papyrus

hysgrifennu mewn inc. Bara Crust-llai yn cael ei ddefnyddio hefyd fel

rhwbiwr; mewn gwirionedd, yn Meiji-cyfnod (1868 - 1912) myfyriwr yn Tokyo

Dywedodd: 'rwberi Bread cael eu defnyddio yn lle dilëwyr rwber

ac felly byddent yn ei roi iddynt i ni heb unrhyw gyfyngiad ar

swm. Felly, yr ydym yn meddwl dim am gymryd y rhain a bwyta

ran cadarn i fodloni o leiaf ychydig yn ein newyn ... '

Bara oedd y gorau o'r holl sylweddau a ddefnyddir ar gyfer cael gwared pensil marciau nes rwber naturiol yn dod ar gael yn

yr Hen Fyd. Fferyllydd Saesneg a diwinydd Joseph

Priestley oedd y cyntaf i ddisgrifio ei ddefnydd ar gyfer cael gwared

marciau pensil. Yn 1770, dywedodd wrth ddarllenwyr ei lyfr Cyfarwydd

Cyflwyniad i'r Theori ac Ymarfer Safbwynt lle

i brynu'r rwberi cyntaf a wnaed o rwber:

Ers Gwaith hon gael ei hargraffu oddi ar, yr wyf wedi gweld sylwedd

haddasu yn rhagorol i bwrpas sychu o bapur y

marciau o du-plwm-pensil. Rhaid iddo, felly, fod yn unigol

defnyddio i rhai sy'n ymarfer arlunio. Mae'n cael ei werthu gan Mr Nairne,

Mathemategol Offeryn-Maker, gyferbyn â'r Royal-Exchange.

Mae'n gwerthu darn ciwbigol, o tua hanner modfedd, am dri swllt;

ac mae'n dweud y bydd yn para nifer o flynyddoedd.

Fodd bynnag, rwber naturiol hefyd yn darfodus. Ym 1839,

Darganfod dyfeisiwr Americanaidd Charles Goodyear y

broses o fwlcaneiddio, lle sylffwr yn cael ei ychwanegu at

rwber i 'wella' a'i wneud yn wydn. Rwberi rwber

ddaeth yn gyffredin gyda dyfodiad y fwlcaneiddio.

Ar 30 Mawrth, 1858, Hymen Lipman o Philadelphia, UDA

derbyn y patent cyntaf ar gyfer atodi rwber at ddiwedd

o pensil. Roedd ei pensil rhigol ar ei flaen i ba

rwber ei gludo. Erbyn y 1860au cynnar, yr enwog Faber-

Castell cwmni, a sefydlwyd yn yr Almaen yn 1761 ac yn dal i

adnabyddus heddiw, yn gwneud pensiliau gyda ynghlwm

rhwbwyr. Yn fuan iawn wedyn, cwmnïau eraill hefyd

Dechreuodd gwneud pensiliau tebyg, a ddaeth i gael ei adnabod

pensiliau ceiniog oherwydd eu bod yn rhad. Maent yn

yn fuan daeth yn hynod boblogaidd.

CLIPIAU PAPUR

Mae cau o bapurau wedi cael ei dogfennu yn hanesyddol

mor gynnar â'r 13eg ganrif pan fydd pobl yn rhoi rhuban

trwy endoriadau cyfochrog yn y corneli o dudalennau. Yn ddiweddarach

y rhubanau eu cwyr i'w gwneud yn gryfach ac yn

yn haws i dadwneud ac ail-wneud. Mae'r dull hwn o clipio papurau

Parhaodd gyda'i gilydd am y 600 mlynedd nesaf. Mae llawer o amser,

màs-cynhyrchu pinnau yn syth, a gyflwynwyd yn 1835, roedd

ddefnyddio hefyd ar gyfer papurau cau, er nad oeddynt yn

a gynlluniwyd ar gyfer y diben hwnnw.

Y patent cyntaf ar gyfer clip papur gwifren plygu yn ôl pob tebyg

ddyfarnwyd i Samuel B. Fay yr Unol Daleithiau yn 1867.

Mae'r clip fwriadwyd yn wreiddiol ar gyfer atodi tocynnau i

ffabrig, ond sylweddolodd Fay y gallai hefyd gael ei ddefnyddio i gysylltu

papurau at ei gilydd. Er swyddogaethol ac ymarferol, Fay yn

dyluniad ynghyd â'r 50 o gynlluniau eraill a patent

cyn 1899, nid eu hysbysebu neu eu gwerthu yn eang.

Daeth clipiau papur Bent-gwifren poblogaidd yn unig ar ôl massproduced

gwifren dur, a'r peiriannau ar gyfer plygu ei

ddibynadwy ac yn rhad yn dod ar gael ar ddiwedd y

19eg ganrif. Y math mwyaf cyffredin o clip papur gwifren

defnyddio o hyd, mae'r clip papur Gem, oedd byth yn patent, ond

yn cael ei gynhyrchu yn fwyaf tebygol ym Mhrydain gan y Gem

Gweithgynhyrchu Cwmni gan y 1870au cynnar. Mae 1883

erthygl am Gem Papur-Fasteners eu canmol am fod yn

'Yn well na pinnau cyffredin' ar gyfer 'rhwymo ynghyd papurau

ar yr un pwnc, bwndel o lythyrau, neu dudalennau o

llawysgrifau '. Yn dal i gelwir clipiau papur weithiau Gem

clipiau ac yn Swedeg, y gair ar gyfer unrhyw clip papur yn berl.

Ers hynny, mae amrywiadau di-rif ar yr un thema yn cael

cael eu patent, ond y math Gem gwreiddiol wedi profi i fod yn

y mwyaf ymarferol, ac o ganlyniad, yn dal i fod o bell ffordd y mwyaf

poblogaidd. Siapiau eraill yn dal i defnyddio'n achlysurol, megis

Di-Sgidio; y Delfrydol, a ddefnyddir ar gyfer wads trwchus o bapur; y

Owl, a enwir ar gyfer ei dau gylch siâp-llygad; a'r Perffaith

Gem neu Gothig, sy'n cael ei ffafrio gan lyfrgellwyr oherwydd bod ei

coesau hirach gwneud yn llai tebygol i blygu a gwisgo papur.

A Norwyaidd, Johan Vaaler, wedi cael ei nodi yn anghywir

fel dyfeisiwr y clip papur. Mewn gwirionedd, Vaaler yn

Ni dyfais weithgynhyrchwyd neu a marchnata, gan fod

erbyn hynny y Gem uwch ar gael yn barod. Fodd bynnag,

ymhell ar ôl marwolaeth Vaaler, yn creu ei gydwladwyr yn

myth cenedlaethol yn seiliedig ar y dybiaeth anghywir bod yr

clip papur ei ddyfeisio gan Norwy heb eu cydnabod

athrylith. Ar ôl yr Ail Ryfel Byd, mae'r clip papur hyd yn oed daeth yn

symbol o undod a balchder cenedlaethol yn Norwy.

PINS DIOGELWCH

Mae pin diogelwch yn amrywiad ar y pin arferol gan gynnwys

mecanwaith gwanwyn syml a clasp. Mae gan y clasp ddau

bwrpas: i ffurfio dolen gaeedig, gan atodi y pin

fwy diogel a hefyd i dalu am ei ben miniog i atal

pinpricks. Maent yn cael eu defnyddio'n gyffredin i gau gyda'i gilydd

darnau o ffabrig fel dillad wedi'u difrodi a diapers lliain

(Cewynnau) ond mae ganddynt nifer o ddefnyddiau eraill.

Er bod pinnau wedi cael eu defnyddio fel caewyr ers cynhanesyddol

adegau, peiriannydd Americanaidd toreithiog a dyfeisydd Walter

Hunt o Efrog Newydd yn cael ei ystyried fel y dyfeisiwr y

pin diogelwch modern. Angen i setlo dyled $ 15 gyda

ffrind, un diwrnod penderfynodd Hunt i ddyfeisio rhywbeth newydd

er mwyn talu 'i off. Roedd yn troelli darn o bres

gwifren a oedd tua wyth modfedd o hyd, pan benderfynodd

gwneud coil yng nghanol y wifren felly byddai'n agor

pan rhyddhau. Yna ychwanegodd clasp a phwynt ar wahân

ar y pen arall, gan ganiatáu i'r pwynt gael ei gorfodi i mewn i'r

clasp erbyn y gwanwyn. Mae'r clasp hefyd yn cadw bysedd yn ddiogel rhag

anaf-dyna pam y 'pin diogelwch' enw. Mae'r ddyfais cyfan

Cymerodd Hunt dim ond tair awr i greu.

Yn 1849, derbyniodd Hunt batent ar gyfer ei ddyfais, ond yn fuan

gwerthu'r hawliau i WR Grace and Company ar gyfer dim ond $ 400,

a fyddai'n fod ychydig yn fwy na $ 10,000 heddiw. Beth

Methodd Hunt i sylweddoli oedd bod yn y blynyddoedd i ddilyn, WR

Grace, sy'n dal i fodoli fel gwneuthurwr o arbenigedd

cemegau a deunyddiau, yn gwneud miliynau o ddoleri

mewn elw oddi wrth ei ddyfais.

Methiant Hunt i wneud arian oddi wrth ei ddyfais yn

nodweddiadol o'r dyn. Yr oedd yn hyblyg a chreadigol

dyfeisiwr a greodd amrywiaeth rhyfeddol o nofel

dyfeisiau gan gynnwys y peiriant gwnïo lockstitch, a

rhagflaenydd y reiffl ailadrodd Winchester, llwyddiannus

droellwr llin, miniwr cyllell (sy'n dal i gynhyrchu a

ddefnyddir yn eang heddiw), y pen ffynnon, a-gwneud ewinedd

peiriant, tabl stêm bwyty, llif coed-torri, a

llong torri'r iâ, inkstands, cloch Streetcar, caled-coalburning

stôf, carreg artiffisial, stryd peiriannau ysgubo,

y velocipede (beic cynnar), sawdl esgid, a ceilingwalking

ddyfais a ddefnyddir mewn syrcasau, a'r aradr iâ.

Yn anffodus i ef, efe erioed wedi sylweddoli y masnachol

pwysigrwydd ei ddyfeisiadau ei hun a naill ai wedi methu â

eu patent neu ei werthu y batentau ar gyfer symiau bach iawn o

arian.

Caleidosgopau

Mae caleidosgop yn silindr gyda drychau cynnwys

gwrthrychau rhydd, lliw megis gleiniau, cerrig mân a darnau

o wydr. Fel y dywedodd un yn edrych ar un pen, golau yn mynd i mewn y llall,

yn adlewyrchu oddi ar y drychau, ac yn creu patrymau lliwgar.

Mae'r gair 'caleidosgop' Bathwyd yn 1817 gan yr Alban

dyfeisiwr Syr David Brewster. Ei fod yn deillio o'r

Καλός Hynafol Groeg (kalos) sy'n golygu 'hardd, harddwch',

εἶδος (Eidos) sy'n golygu 'yr hyn sy'n cael ei ystyried: ffurf, siâp'

a σκοπέω (skopeð) golygu 'i edrych ar, i archwilio',

felly 'sylwedydd ffurflenni hardd.'

Roedd Syr David Brewster yn ffisegydd Albanaidd, mathemategydd,

seryddwr, dyfeisiwr, llenor, a phrif prifysgol.

Dechreuodd ar y gwaith a arweiniodd at y caleidosgop yn 1815

wrth gynnal arbrofion ar bolareiddio golau.

Er ei fod yn edrych ar rai gwrthrychau ar ddiwedd dau

drychau, sylwodd Brewster bod patrymau a lliwiau yn

ail-greu a diwygio i mewn i drefniadau newydd hardd.

Chwilfrydig, penderfynodd i greu dyfais i gynhyrchu

batrymau o'r fath. Mae ei dylunio cychwynnol yn cynnwys tiwb gyda

parau o ddrychau ar un pen, parau o ddisgiau dryloyw yn

gleiniau eraill a rhwng y ddau. Brewster a enwir

a patent ei ddyfais yn 1817 a dewisodd enwog

gwneuthurwr offerynnau gwyddonol Philip Carpenter fel ei unig

gwneuthurwr. Mae'n profi fuan i fod yn llwyddiant ysgubol

gyda 200,000 caleidosgopau a werthir yn Llundain a Pharis yn

dim ond tri mis.

Dechreuodd Brewster i feddwl y byddai'n gwneud llawer o arian

gan ei ddyfais yn boblogaidd. Fodd bynnag, mae rhywun yn fuan

sylweddoli bod nam yn ei gais am batent, GB 4136,

caniatáu eraill i efelychu ei rhydd. Mae'n debyg, prototeip

wedi cael ei dangos i optegwyr yn Llundain a'u copïo cyn

y patent ei ganiatáu. O ganlyniad, mae'r caleidosgop

Dechreuodd i gael ei gynhyrchu mewn niferoedd mawr, ond esgor ar unrhyw

manteision ariannol uniongyrchol i Brewster.

Bwriad yn wreiddiol fel offeryn gwyddoniaeth, roedd y caleidosgop yn

gwerthu yn ddiweddarach fel tegan. Maent yn boblogaidd iawn yn ystod y

Oes Fictoria fel gwyriad parlwr. Yn ystod y 1870au,

un o'r gwneuthurwr caleidosgop Unol Daleithiau mwyaf poblogaidd

Roedd Charles Bush. Roedd patent ei caleidosgop parlwr

yn 1873. Mae'r teganau, a wnaed gyda sylfaen crwn

neu fel fersiwn pedwar-footed prinnach, bellach yn cael eu galw mawr

gofal gan gasglwyr.

Dechreuodd adfywiad yn y diddordeb mewn caleidosgopau ar ddiwedd y

1970au, ac yn 1980, helpodd arddangosfa diddordeb tanwydd yn

hwy fel ffurf ar gelfyddyd. Heddiw, mae cannoedd o mawr

gweithgynhyrchwyr caleidosgop ac artistiaid.

Byrddau syrffio

Byrddau syrffio eu dyfeisio yn yr hen Hawaii lle maent yn

eu hadnabod yn well fel nalu he'e papa yn y Hawaiian

iaith. Yn y dyddiau hynny, syrffio yn berthynas ysbrydol iawn,

o y grefft o reidio y tonnau eu hunain, i weddïo

ar gyfer syrffio da, a defodau o amgylch yr adeilad o

bwrdd syrffio. Oedd syrffio nid yn unig yn golygu ar gyfer hamdden, ond

hefyd ar gyfer hyfforddi penaethiaid a datrys gwrthdaro. Roedd

dau fath o byrddau syrffio hynafol: y Olo, 14-16 troedfedd o hyd

a dim ond farchogaeth gan y penaethiaid neu uchelwyr, a'r Alaia,

10-12 troedfedd o hyd a marchogaeth gan y cominwyr. Roedd y ddau yn

gan ddefnyddio pren solet o goed lleol fel y WILI

WILI, gallai CDU a Koa ac yn pwyso mwy na £ 100.

Nid oedd ganddynt esgyll ac nid oeddent yn hydrin. Yr hynaf

surfboard dal i fodoli yn dyddio'n ôl i 1778 a gall fod yn

a geir yn Amgueddfa Bishop Hawaii.

Erbyn canol y 19eg ganrif, mae llawer o genhadon y Gorllewin wedi

cyrraedd yn Hawaii a syrffio bron wedi marw allan. Roedd yn

nid tan ddechrau'r 20fed ganrif y Hawaii ynghyd â

Dechreuodd ymsefydlwyr Ewropeaidd ac Americanaidd syrffio eto. Un

syrffiwr cynnar, George Freeth, arbrofi gyda byrrach

dylunio bwrdd trwy dorri ei fwrdd Hawaiian 16-droed yn ei hanner.

Daeth Freeth y syrffiwr proffesiynol cyntaf, gan hyrwyddo

cwmni rheilffordd yn Los Angeles, California.

Digwyddodd y newid mawr nesaf yn 1926 pan Tom

Cynllunio Blake y bwrdd syrffio wag cyntaf. Cafodd ei wneud

o goch, roedd cannoedd o dyllau drilio ynddi, ac roedd

encased gyda haenau tenau o bren ar y ddwy ochr. Blake

surfboard gwag yn gyflym iawn yn y dŵr. Daeth yn

llwyddiannus iawn ac yn 1930, oedd y bwrdd cyntaf i fod yn

-gynhyrchu màs. Blake hefyd yn ddyfeisiodd y 'asgell sefydlog' yn 1935.

Roedd hwn yn asgell fechan ynghlwm wrth waelod y bwrdd

i ganiatáu i syrffwyr i symud yn well a rhoi y byrddau

mwy o sefydlogrwydd.

Erbyn 1932, pren balsa ysgafn o Dde America wedi

yn ddeunydd poblogaidd ar gyfer byrddau syrffio adeiladu. Ar ôl

Gwydr ffibr Rhyfel Byd II, plastig a Styrofoam daeth

ar gael yn eang. Mae dyn o'r enw Pete Peterson adeiladu'r cyntaf

bwrdd gwydr ffibr yn 1946. Yn ystod diwedd y 1950au, Hawaii

Datblygu George Downing y bwrdd syrffio 'gwn' poblogaidd,

henwi ar gyfer ei gallu i 'hela i lawr' tonnau mawr.

Shortboards, tua 6 troedfedd o hyd, yn boblogaidd yn ystod

y diweddar 1960au oherwydd eu pwysau, cyflymder golau a

hydrinedd. Cawsant eu elwir yn wreiddiol fel 'poced

rocedi 'ac yn aml yn cael dau neu dri esgyll ar gyfer mwy o sefydlogrwydd

yn y dŵr. Heddiw, shortboards 'popout' rhad, a ddyfeisiwyd

gan Awstralia Shane Steadman yn y 1970au, yn dominyddu'r

y farchnad, er ei bod yn-fyrddau traddodiadol yn dal i fod yn boblogaidd.

Jiwcbocsys

Blychau cerddoriaeth Coin-weithredir a pianos chwaraewr oedd y

dyfeisiau jiwcbocs tebyg gyntaf. Defnyddir y dyfeisiau papur

rholiau, disgiau metel, neu silindrau metel i chwarae sioe gerdd

dethol ar yr offerynnau amgaeedig ynddynt. Yn

y 1890au roeddent yn ymuno gan beiriant, oedd yn defnyddio cerddorol

recordiadau yn hytrach na o offerynnau corfforol.

Un o'r rhagflaenwyr cynnar i'r jiwcbocs modern yn

a grëwyd gan Louis Gwydr a William S. Arnold, a oedd wedi

gosod Edison silindr ffonograff a weithredir gan ddarnau arian yn y

Palais Royale Saloon yn San Francisco yn 1889. Hwn oedd y

peiriant cyntaf 'Nicel-yn-y-Slot'. Nid oedd ganddi ymhelaethu a

Roedd cwsmeriaid i wrando ar y gerddoriaeth gan ddefnyddio un o bedwar gwrando

tiwbiau, rhywbeth tebyg i clustffonau acwstig. Mae'r peiriant

yn boblogaidd ac enillodd dros $ 1000 o fewn chwe mis.

Dyluniadau jiwcbocs cynnar datgloi y mecanwaith ar

derbyn ceiniog. Yna roedd yn rhaid i'r gwrandäwr i droi crank

i chwarae'r gerddoriaeth. Rhan fwyaf o beiriannau yn gallu

dal dim ond un dewis cerddorol. Yn aml, mae llawer ohonynt yn

ynghlwm wrth tiwbiau gwrando a'u rhoi gyda'i gilydd mewn

parlyrau ffonograff. Mae hyn yn caniatáu i gwsmeriaid i ddewis

rhwng cofnodion lluosog, pob un ei chwarae gan ei beiriant hun.

Ym 1918, patent Hobart C. Niblack cyfarpar a newidiodd cofnodion yn awtomatig. Arweiniodd hyn at un o'r rhai cyntaf

jiwcbocsys gyda cherddoriaeth selectable, a gyflwynwyd yn 1927 gan

Cwmni Offeryn Cerddorol Awtomatig.

Yn 1928, Jwstus P. Seeburg, a oedd yn gweithgynhyrchu chwaraewr

pianos, ynghyd uchelseinydd gyda darn arian-weithredir

chwaraewr recordiau a rhoi dewis o wyth y gwrandäwr

cofnodion. Mae'r peiriant Audiophone roedd wyth wahân

byrddau troi gosod ar ddyfais olwyn tebyg cylchdroi Ferris.

Gallai jiwcbocsys chwyddo o'r fath gystadlu gyda nifer fawr

gerddorfa am ddim ond y gost o nicel (5 cents).

Daeth y term jiwcbocs i ddefnydd yn yr Unol Daleithiau tua 1940

ac yn deillio o juke ymadrodd Americanaidd cyffredin

ar y cyd, sy'n golygu bar amharchus neu glwb nos.

Jiwcbocsys oedd fwyaf poblogaidd o'r 1940au drwy'r

nghanol y 1960au. Erbyn canol y 1940au, tri-chwarter o

aeth y cofnodion a gynhyrchwyd yn America i mewn i jiwcbocsys.

I ddechrau, yn chwarae cerddoriaeth wedi ei recordio ar silindrau cwyr,

a ddisodlwyd yn olynol gan Shellac 78-rpm

cofnodion, cofnodion 45-rpm finyl, CDs, a MP3s. Heddiw

jiwcbocsys yn parhau i fod yn boblogaidd mewn bariau, ond wedi gostwng yn

o blaid yr hyn oedd unwaith yn eu mwyaf proffidiol

lleoliadau bwytai, diners, barics milwrol, fideo

arcedau, a Laundromats.

PELI TENNIS

Mae'r tennis gair yn dod o'r gair Ffrangeg tenez,

teney amlwg, a oedd yn golygu 'cymryd swydd' neu

yn syml yn cychwyn. Mae'r gêm yn Dechreuodd yn fwy na mil o flynyddoedd

yn ôl. Cafodd ei chwarae gan fynachod a elwir yn jeu de paume

neu gledr y llaw. Roedd y raced yn ... chi guessed ...

gledr un o law, ac y bêl ei wneud o bren.

Chwaraewyr yn ddiweddarach defnyddio menig lledr a phêl lledr, gwnïo

i fyny gyda gewynnau a stwffio ag unrhyw beth a ddaeth i

llaw megis gwellt, gwlân, a gwallt anifeiliaid neu ddynol!

Nid yw'r peli cynnar yn bownsio, gan wneud y gêm gwirioneddol

wahanol iawn o hyn.

Daeth y gamp sy'n datblygu boblogaidd gyda uchelwyr

a chafodd ei chwarae fel y gêm courtly tenis go iawn. Yn 1480,

Louis XI o Ffrainc yn gwahardd llenwi peli tenis gyda

sialc, tywod, blawd llif, neu bridd a dywedodd eu bod yn

i gael eu gwneud o ledr da, stwffio gyda gwlân. Eraill yn gynnar

peli tennis eu gwneud gan grefftwyr yr Alban o woolwrapped

stumog dafad neu afr a clymu gyda rhaff.

Mae rhai peli tennis Saesneg yn dyddio o'r 16eg ganrif

a weithgynhyrchwyd o'r gyfuniad o pwti a

gwallt dynol. Fersiynau eraill o'r 16eg ganrif a wnaed o anifeiliaid

ffwr, rhaff gwneud o coluddion a'r cyhyrau anifeiliaid, a

Pinewood wedi cael eu darganfod mewn cestyll Alban. Yn y 18fed ganrif, stribedi o wlân yn ddirwyn dynn o amgylch

craidd a wnaed gan rolio nifer o stribedi i mewn i ychydig o bêl.

Yna Llinynnol ei glymu mewn nifer o gyfeiriadau yn ystod y bêl a

gorchudd lliain gwyn gwnïo o'i gwmpas.

Yn y 1870au cynnar, y gêm addasedig o denis lawnt

Cododd ym Mhrydain trwy ymdrechion arloesol Mawr

Walter Clopton Wingfield a Harry Gem. Wingfield

setiau tennis marchnata, a oedd yn cynnwys peli rwber solet

mewnforio o'r Almaen. Roedd y rhain yn ysgafn ac yn llwyd neu

coch mewn lliw heb unrhyw eglurhaol. Mae eu gwisgo a chwarae

eiddo eu gwella trwy eu gorchuddio gyda gwlanen

bwytho o amgylch y craidd rwber. Erbyn 1882, Wingfield yn

hysbysebu ei peli tenis fel lapio mewn lliain stowt

a wnaed yn Melton Mowbray, Lloegr.

Mae'r bêl yn cael ei ddatblygu ymhellach trwy wneud y pant craidd,

ac, yn ystod y 1920au hwyr, pwysau gyda nwy. Mae hyn yn

a arweinir gan newid datblygiadau mawr yn tenis ers y newydd peli bownsio uwch ac yn well, gan ganiatáu ergydion gyflymach.

Ers 1972, peli tenis swyddogol wedi cael eu lliw melyn

mwyn gwella gwelededd ar y teledu. Dim ond Wimbledon

gwrthwynebu symudiad hwn. Maent yn parhau i ddefnyddio'r draddodiadol

peli gwyn tan 1986.

PELI ping pong-

Mae'r gêm o tenis bwrdd neu Ping Pong-tarddu o

Brydain yn ystod y 1880au lle cafodd ei chwarae fel afterdinner

gêm parlwr. Mae wedi cael ei awgrymu bod British

swyddogion milwrol yn India neu Dde Affrica a ddatblygwyd yn gyntaf

y gêm. Mae rhes o lyfrau sefyll i fyny ar hyd y ganolfan

o'r tabl fel rhwyd, dau lyfr mwy gwasanaethu fel racedi

a golff-bêl ei daro o un pen y bwrdd i'r

eraill ac yn ôl. Fel arall, y rhwyfau wedi eu gwneud o

caeadau blwch cigar ac y peli allan o cyrc siampên. Cynnar

racedi yn aml darnau o femrwn ymestyn ar

ffrâm, a seiniau a gynhyrchir a roddodd y gêm ei

llysenwau cyntaf wiff-waff a Ping Pong-. Roedd yr olaf yn

a ddefnyddir yn eang cyn gwneuthurwr gêm Prydeinig J. Jaques

& Son Ltd trademarked yn 1901. Yna daeth Ping Pong-i

yn cael ei gyfyngu i'r gêm chwarae gan ddefnyddio'r braidd yn ddrud

Offer Jaques tra bod gweithgynhyrchwyr eraill o'r enw

tenis mae'n bwrdd. Cododd sefyllfa debyg yn y Deyrnas Unedig

Yn datgan lle Jaques gwerthu hawliau i gwmni tegan

Brothers Parker.

Mae'r peli a ddefnyddir yn y gemau tennis bwrdd cynharaf oedd a wneir fel arfer o linyn, cortyn, rwber, neu gorc. Fodd bynnag,

peli rwber gwthio yn rhy wyllt a pheli corc bownsio

yn rhy wael. Un agwedd arloesol yn y gêm ei wneud gan James Gibb, â diddordeb brwd mewn tenis bwrdd Prydain. Roedd

peli newydd-deb darganfod wneud o seliwloid, cynnar

plastig, ar daith i'r Unol Daleithiau yn 1901, ac yn dod o hyd iddynt i

yn ddelfrydol ar gyfer y gêm. Dilynwyd hyn gan E.C. Goode

sydd, yn 1901, dyfeisiodd y fersiwn modern o'r raced

drwy bennu ddalen o rwber pimpled i'r llafn pren.

Yn y 1950au, racedi a ychwanegu sbwng sylfaenol

haen newid y gêm yn ddramatig, gan gyflwyno mwy o

sbin a chyflymder. Mae'r defnydd o lud cyflymder cynyddu'r sbin

a chyflymu'r hyd yn oed ymhellach. Yn 2000, y Tabl Rhyngwladol

Ffederasiwn Tennis sefydlwyd nifer o newidiadau yn y rheolau,

gan gynnwys cynyddu diamedr y peli o 38

mm i 40 mm. Mae'r newid hwn yn cynyddu eu gwrthiant aer

ac arafu yn effeithiol i lawr y gêm, gan ei gwneud yn haws

i ddilyn y teledu. Fodd bynnag, mae'r symudiad creu rhai

ddadlau. Dadleuodd y Tîm Cenedlaethol Tseiniaidd ei fod yn

fwriadwyd yn unig i roi chwaraewyr nad ydynt yn Tseiniaidd gwell

siawns o ennill! Heddiw, 40 mm peli swyddogol Ping Pong-

pwyso 2.7 gms, yn cael eu gwneud o safon uchel-bownsio awyr-llenwi

plastig a lliw gwyn neu oren. Yn y cyfnod diweddar,

tenis bwrdd mawr-pêl, sydd hyd yn oed yn arafach oherwydd ei fod yn defnyddio

44 mm diamedr pêl, hefyd wedi dod yn boblogaidd.

Olwyn pin

Mae olwyn pin yn tegan plentyn syml a wnaed o olwyn

papur neu blastig curls, sydd ynghlwm wrth ffon ar ei echel gan

pin. Mae'n rhagflaenydd i whirligigs mwy cymhleth,

cyfeirir popularly fel whirlygigs, ceiliogod gwynt comig,

whirlijigs, a llawer o enwau yn fwy yr un mor ddiddorol.

Nid yw dyfeisiwr cyntaf y chwyrligwgan neu olwyn pin yn

hysbys, ond mae ganddi hanes hir sy'n rhychwantu y byd.

Ceiliogod gwynt, sy'n perthyn yn agos i olwyn pin, roedd

a ddefnyddiwyd gyntaf rhwng 1800 a 1600 CC gan ffermwyr a morwyr

yn Sumeria. Credir bod y tegan chwyrligwgan hysbys cyntaf

-Y glöyn byw ddraig, llafn gwthio chwyrlio gwneud o bambw

a lansiwyd gan rolio ffon-wedi cael ei dyfeisio yn Tsieina

400 CC. Yn ystod y 9fed ganrif, Iraniaid y Sassanid

Ymerodraeth yn defnyddio melinau gwynt llorweddol ar gyfer dyfrhau,

gwneud whirligigs gyrru gan y gwynt dechnegol bosibl. Yn anffodus,

dim whirling y cyfnod hwn wedi goroesi ar wahân i un

Dol a yrrir-llinyn Aifft o 100 CC.

Ynghyd â'r melinau gwynt grawn-malu, whirligigs a

olwyn pin cyrraedd Ewrop yn y 1200au. Y cyntaf hysbys

cynrychiolaeth weledol o chwyrligwgan Ewropeaidd yn cynnwys

yn darlunio tapestri canoloesol i blant chwarae gyda

chwyrligwgan. Whirligigs ar ffurf y groes daeth

ffasiynol mewn darluniau o'r 15fed a'r 16eg ganrif, megis y peintio Hieronymus Bosch, Crist Plant gyda

Ffrâm Cerdded, tua 1480-1500. defnyddio Shakespeare

'Chwyrligwgan' fel trosiad ar gyfer 'yr hyn sy'n digwydd o gwmpas, yn dod

gwmpas '(Nos Ystwyll, Deddf V-I):

Feste: Ac felly y chwyrligwgan o amser yn dod yn ei revenges.

Mae'r dystiolaeth a gofnodwyd gyntaf o olwynion pin yn y Deyrnas Unedig

Wladwriaethau yn perthyn i George Washington a oedd, yn ôl y sôn, a gynhaliwyd

Cartref 'whilagigs' o'r Rhyfel Chwyldro. Y 1819

gyhoeddi erbyn Washington Irving o Chwedl Sleepy

Hollow yn sôn am y chwyrligwgan fel: 'ychydig rhyfelwr pren

sydd, arfog gyda chleddyf ym mhob llaw, yn fwyaf ddewr

ymladd y gwynt ar y pinacl yr ysgubor. 'Erbyn 1929,

unigolion yn gwneud bywoliaeth drwy crafting whirligigs fel

addurniadau gardd neu adloniant i blant.

Heddiw olwynion pin o wahanol feintiau a siapiau yn cael eu canfod

ledled y wlad, a werthwyd gan teganau-gwerthwyr a hefyd mewn

siopau teganau, teganau rhad ar gyfer plant. Artistiaid

Llestri adeiladu olwyn pin o liwiau lluosog ar gyfer Tseiniaidd

Flwyddyn Newydd. Pobl yn ei roi negeseuon personol ar y allanol

llafnau olwyn pin hyn ar gyfer y gwynt i ddal a lledaenu

at y bydysawd fel dymuniadau ar gyfer y flwyddyn ganlynol.

SCRABBLE

Mae stori Scrabble yn dechrau yn ystod y Dirwasgiad Mawr,

tua 1931, pan Alfred Mosher Butts, yn waith y tu allan i'r

pensaer o Poughkeepsie, Efrog Newydd, penderfynodd

dyfeisio gêm fwrdd. Dadansoddi'r gemau bwrdd eraill yn

y farchnad, ei fod yn canfod eu bod yn disgyn i dri chategori:

gemau rhif megis dis a bingo, yn symud gemau megis

fel gwyddbwyll a gwirwyr, a geiriau gemau megis anagramau.

Ceisio creu gêm a fyddai'n defnyddio'r ddau gyfle

a sgiliau, Butts nodweddion cyfunol anagramau a

pos croesair. A elwir yn gyntaf Lexiko, ei gêm yn ddiweddarach

a elwir yn Criss-Cross Geiriau. Er mwyn penderfynu ar ddosbarthiad llythyr,

Butts astudio dudalen flaen o bapurau newydd poblogaidd o'r fath

fel The New York Times, y New York Herald Tribune, a The

Dydd Sadwrn Evening Post, ac a wnaeth cyfrifiadau manwl iawn o

amlder llythyr. Dadansoddiad cryptograffig casgenni 'Saesneg

ac mae ei dosbarthiad gwreiddiol o deils wedi parhau i fod yn ddilys

byth ers hynny.

Erbyn 1938, Butts wedi cwblhau'r datblygiad sylfaenol o

Geiriau cris-Cross. Am fwy na degawd, fe tweaked

a tinkered â'r rheolau wrth geisio-ac yn barhaus

methu-i ddenu noddwr corfforaethol. Hyd yn oed yr Unol Daleithiau

Swyddfa Batentau gwrthod ei gais nid unwaith, ond ddwywaith.

Yn olaf, Butts cysylltodd James Brunot, yn entrepreneur-cariadus gêm o'r Drenewydd, Connecticut, a

oedd un o'r ychydig perchnogion un o'r gwreiddiol Criss-

Croeswch Geiriau setiau. Meddwl Brunot y dylai'r gêm

yn cael ei farchnata. Prynodd yr hawl i gynhyrchu

gêm yn gyfnewid am ganiatáu Butts breindal ar bob

uned a werthir. Er iddo adael y rhan fwyaf o'r gêm (gan gynnwys

dosbarthu llythyrau) newid, Brunot ychydig

ad-drefnu'r y sgwariau 'premiwm' o'r bwrdd ac

symleiddio'r rheolau. Mae hefyd yn dod i fyny gyda'r eiconig

cynllun-pastel lliw pinc, glas babi, indigo, a llachar

coch-a ddyfeisiodd y bonws 50 pwynt ar gyfer defnyddio pob un o'r saith

teils i wneud gair.

Yn bwysicaf oll, daeth Brunot i fyny gyda'r enw Scrabble

ac trademarked y Scrabble Brand Croesair Gêm

yn 1948. Enillodd araf ond cyson poblogrwydd ymysg

llond llaw cymharol o ddefnyddwyr. Yna, yn 1952, fel y

chwedl wedi iddo, Jack Strauss, a oedd yn llywydd

Siop adrannol Macy yn, darganfod y gêm tra ar

gwyliau. Ar ôl dychwelyd i'r gwaith, ei fod yn synnu i

yn canfod nad yw ei siop yn ei gario a rhoi gorchymyn mawr.

O fewn blwyddyn, roedd pawb wedi cael un, at y pwynt bod

Gemau Scrabble yn cael eu dogni mewn siopau o gwmpas y

Unol Daleithiau Heddiw Scrabble wedi dod yn un o'r rhai mwyaf poblogaidd

gemau bwrdd o amgylch y byd.

MONOPOLY

Gall hanes Monopoly yn cael ei olrhain yn ôl i ddechrau'r

20fed ganrif. Mae'r dyluniad hysbys cynharaf oedd gan

Enwir Americanaidd Elizabeth Magie. Yn 1904, roedd patent

Gêm y Landlord gyda'r nod-addysgol

i ddangos bod rhenti cyfoethogi perchnogion eiddo a

tenantiaid tlawd. Cyflwynodd Magie ei ddyfais

i gêm gwmni Brodyr Parker tua 1910, ond maent yn

gostwng i gyhoeddi.

Mae fersiwn fyrrach o'r gêm Magie yn ddaeth yn gyffredin

yn ystod y 1910au fel Ocsiwn Monopoly. Mae'n lledaenu gan gair

ar lafar ac yn cael ei chwarae mewn gwahanol fersiynau cartref

dros y blynyddoedd. Magie ei hun patent fersiwn ddiwygiedig

a oedd yn cynnwys enwau strydoedd yn 1924. Dechreuodd Daniel Lleygwyr

gwerthu fersiwn o'r enw Y Gêm diddorol Cyllid,

yn ddiweddarach yn syml Cyllid, ym 1932. Dysgodd Ruth Hoskins y

gêm o lleygwyr a datblygu bwrdd newydd gyda

Enwau strydoedd Atlantic City. Y bwrdd oedd yr un a addysgir

i Charles E. Todd, rheolwr gwesty yn Germantown,

Pennsylvania. Todd yn ei dro a addysgir Esther Darrow, gwraig

o gwerthwr gwresogydd domestig o Philadelphia a enwir

Charles Darrow.

Ar ôl dysgu y gêm, dechreuodd Darrow i ddosbarthu ei hun fel Monopoly. Anfonodd at Brothers Parker yn 1934.

Maent yn gwrthod ei fod yn cael 'pum deg dau gynllunio sylfaenol

gwallau ', a bod yn' rhy gymhleth, yn rhy dechnegol, [a]

cymryd gormod o amser i chwarae. 'Erbyn 1935, fodd bynnag, clywodd y cwmni

am werthiannau rhagorol Monopoly a prynu'r hawliau o

Darrow. Yn ddiweddarach y flwyddyn honno daethant yn ymwybodol bod Darrow

wedi copïo y gêm gan ffrind. Maent wedyn yn prynu allan

Magie yn 1924 patent a hawlfreintiau o masnachol eraill

amrywiadau o'r gêm, megis Cyllid, Chwyddiant, Big Busnes,

Arian hawdd, a Fortune er mwyn atal heriau cyfreithiol yn y dyfodol.

Roedd Monopoly farchnata gyntaf ar raddfa eang gan Parker

Brothers yn 1935. Maent yn newid rhai o'r rheolau, megis

ag ychwanegu 'gêm fer' a rheolau 'terfyn amser', a oedd yn

cynhyrchu 20,000 o gopïau o'r gêm o fewn mis. Mae'n

daeth yn gyflym gêm fwrdd mwyaf poblogaidd yn America

ac yna y byd. Mae bron i 200 miliwn o gemau Monopoly

wedi cael eu gwerthu hyd yn hyn.

Oeddech chi'n gwybod?

Yn ystod yr Ail Ryfel Byd, creodd y Gwasanaeth Cudd Prydain

rhifyn arbennig o Monopoly ar gyfer carcharorion rhyfel a gynhaliwyd

gan y Natsïaid. Guddio y tu mewn gemau hyn yn mapiau,

cwmpawdau, arian go iawn, a gwrthrychau eraill yn ddefnyddiol i ddianc.

Mae'r gemau arbennig yn cael eu dosbarthu i'r carcharorion gan

grwpiau elusennol ffug.

Frisbees

Roedd y FRISBIE Pobi Company ddechreuodd yn Bridgeport,

Connecticut gan busnes Americanaidd William Russell

FRISBIE. Mae'n gwerthu pasteiod mewn sosbenni tun golau gyda FRISBIE stampio

yn rhyddhad ar y gwaelod. Myfyrwyr coleg Hungry yn New

Lloegr yn y pen draw darganfod (efallai tua 1940) sy'n

gallai'r tuniau pei neu chaeadau cookie-tun gwag yn cael eu taflu a

dal, gan ddarparu oriau diddiwedd o hwyl 'FRISBIE-ing'.

Yn y cyfamser, arolygydd adeiladu Los Angeles a enwir

Roedd Walter Frederick Morrison darganfod marchnad ar gyfer

y ddisg hedfan modern-dydd yn 1938 pan ac yn y dyfodol

wraig Lucile yn cynnig 25 cents ar gyfer padell cacen y maent yn

yn taflu yn ôl ac ymlaen at ei gilydd ar y traeth yn

Santa Monica, California. 'Dyna cael y olwynion troi,

oherwydd gallech brynu padell cacen am 5 cents, ac os

bobl ar y traeth yn barod i dalu chwarter ar ei gyfer,

yn dda, roedd busnes, 'meddai Morrison yn 2007.

Ar ôl yr Ail Ryfel Byd, yn braslunio Morrison gynllun ar gyfer

erodynamig-wella ddisg hedfan y galwodd y

Whirlo-Way. Yn 1948, Morrison a'i bartner Warren

Franscioni dyfeisio fersiwn blastig a allai hedfan ymhellach

gyda llawer gwell cywirdeb a enwir fod y Flyin-Soser.

Ar ôl mireinio dylunio pellach yn 1955, dechreuodd Morrison cynhyrchu disg newydd, a enwodd y Plwton Platter

i gyfnewid ar y poblogrwydd cynyddol o UFOs gyda'r

Cyhoedd yn America. Mae'r Plwton Platiad wedi dod yn sylfaenol

prototeip dylunio ar gyfer pob Frisbees.

Roedd Richard Knerr ac Arthur K. 'Spud' Melin y

berchnogion cwmni tegan o'r enw 'Wham-O', y maent yn

dechrau mewn garej yn San Gabriel, California, yn 1948. Maent yn

argyhoeddedig Morrison eu gwerthu ar yr hawl ar ei gynllun

a dechreuodd cynhyrchu o fwy Plwton Platiau yn 1957.

Dechreuodd Knerr chwilio am enw brand newydd bachog

i helpu i gynyddu gwerthiant. Clywodd am y defnydd gwreiddiol

y termau 'FRISBIE' a 'FRISBIE-ing' gan fyfyrwyr coleg

yn New England a fenthycwyd gan y ddau air i

creu'r Frisbee nod masnach cofrestredig.

Oedd Edward E. 'Steady Ed' Headrick person allweddol arall

y tu ôl i lwyddiant y Frisbees. Yr oedd yn America

dyfeisiwr a oedd yn gweithio ar gyfer Wham-O. Hailgynllunio Headrick

y Plwton Platiad, gan greu disg mwy rheoladwy sy'n

gellid eu taflu yn gywir. Gwerthu skyrocketed a'r

dyluniad newydd oedd y sail i'r rhan fwyaf Frisbees modern.

Headrick yn ddiweddarach arloesi Dull Rhydd Frisbee a Frisbee

Golff. Yn 1967, mae myfyrwyr ysgol uwchradd yn Maplewood, New

Ddyfeisiodd Jersey camp Ultimate Frisbee. Heddiw, mae'n

chwarae mewn o leiaf 42 o wledydd.

BINGO

Mae hanes Bingo a gemau tebyg fel Housie,

Gall tombola, ac Keno ei olrhain yn ôl i 1530, i staterun

Loteri Eidaleg o'r enw Lo Giuoco del Lotto d'Italia,

sy'n dal i chwarae bob dydd Sadwrn yn yr Eidal. O'r Eidal

y gêm ei gyflwyno i Ffrainc yn y 1770au hwyr,

lle cafodd ei enw Le Lotto a chwarae ymhlith y

cyfoethog. Mae'r gêm bingo loteri-fath yn fuan daeth yn

craze ledled Ewrop. Yr Almaenwyr hefyd yn chwarae

fersiwn o'r gêm yn y 1850au, ond maent yn ei ddefnyddio fel

cymorth addysgol i helpu myfyrwyr i ddysgu sillafu, anifeiliaid

enwau, a thablau lluosi.

Pan gyrhaeddodd y gêm Gogledd America yn y 20fed ganrif

ganrif, daeth yn adnabyddus fel Beano. Roedd yn wlad deg

gêm lle byddai deliwr yn dewis disgiau wedi'u rhifo o

Byddai bocs sigâr a chwaraewyr nodi eu cardiau gyda ffa.

Maent yn yelled beano os ydynt yn ennill. Hugh J. Ward safoni

y gêm fodern mewn carnifalau o amgylch Pittsburgh,

Pennsylvania yn y 1920au cynnar.

Un noson Rhagfyr ym 1929, gwerthwr tegan Efrog Newydd

Daeth enw Edwin S. Lowe ar carnifal gwlad

ger Jacksonville, Florida. Mae pob un o'r bythau carnifal yn

gau ac eithrio un, a oedd yn llawn o bobl. Mae'r camau gweithredu yn canolbwyntio ar fwrdd ar ffurf pedol gorchuddio â

taflenni cardbord rhifo, stampiau rwber rhifo,

a ffa wedi'u sychu. Mae'r gêm yn cael ei chwarae yn amrywiad

o Lotto o'r enw Beano, gan ddefnyddio rheolau'r Ward. Ceisiodd Lowe i

chwarae Beano y noson honno, ond, mae'n cofio, 'Nid oeddwn yn gallu cael sedd

... Y chwaraewyr oedd yn gaeth ymarferol i'r gêm. '

Dychwelyd adref i Efrog Newydd, dechreuodd Lowe cynnal

gemau beano debyg i'r un oedd wedi bod yn dyst. Mae ei

ffrindiau yn eu caru. Yn fuan eu bod yn chwarae Beano gyda

yr un tensiwn a chyffro gan ei fod wedi gweld yn y

carnifal. Yn ystod un sesiwn, un o'r enillwyr neidiodd

i fyny, daeth tafod-clymu, ac yn hytrach na gweiddi Beano

stuttered B-B-B-BINGO! Dywedodd Lowe yn ddiweddarach mai hwn oedd y

hyn o bryd pan benderfynodd i farchnata'r gêm fel Bingo.

Bingo yn llwyddiant ar unwaith ac yn rhoi chwmni Lowe

llwyr ar ei draed. Mae'r gêm Bingo mwyaf yn hanes

ei chwarae yn y 1930au yn Efrog Newydd TEANECK Armory -

60,000 chwaraewyr, gyda 10,000 arall yn cael eu troi i ffwrdd yn

y drws, a 10 automobiles rhoi am ddim fel gwobrau. Erbyn y

1940au, gemau Bingo yn cael eu chwarae ar draws yr Unol Daleithiau

Heddiw, mae mwy na $ 90,000,000 yn cael ei wario ar Bingo bob wythnos

yng Ngogledd America yn unig.

Barcud

Kites eu datblygu gyntaf tua 2,800 o flynyddoedd yn ôl

yn Tsieina. Efallai y bydd y barcud cyntaf wedi cael eu creu gan

Mo Di, yn athronydd enwog a dywedwyd ei fod wedi gwneud

barcud siâp eryr gyda phren. Ynyswyr De Môr

hefyd wedi defnyddio barcutiaid ar gyfer pysgota ers y cyfnod cynnar iawn.

Barcutiaid cynnar yn cael eu defnyddio ar gyfer dibenion milwrol yn ogystal. Ar gyfer

enghraifft, mae tua 200 CC Tseiniaidd Cyffredinol Han Hsin hedfan

barcud dros y waliau castell warchod drwm ac yn defnyddio

geometreg i benderfynu pa mor bell y byddai'n rhaid ei fyddin i

twnnel i gyrraedd heibio i'r amddiffynfeydd.

Hedfan barcud lledaenu yn y pen draw o Tsieina i Korea a

India. Mae'r dystiolaeth gynharaf o hedfan barcud Indiaidd yn dod

o beintiadau Mughal cyfnod bach. Yn Gwlad Thai, pob

byddai teyrn yn cael barcud a gynlluniwyd ar gyfer ei hun.

Mae yna lawer o ddamcaniaethau ynghylch sut mae'r barcud ei gyflwyno

i gymdeithas Ewropeaidd. Gall Marco Polo wedi cyflwyno

yn hwyr yn y 13eg ganrif. Fel arall, morwyr o

Gall Japan a Malaysia hefyd wedi gwneud hynny yn y 16eg

a'r 17eg ganrif. Kites yn hwyr i gyrraedd yn Ewrop, ond

gan y canrifoedd 18fed a'r 19eg eu bod yn cael eu defnyddio fel

cerbydau ar gyfer ymchwil wyddonol. Yn 1749, gwyddonydd yr Alban

Defnyddio Alexander Wilson a'i myfyriwr trên o farcutiaid i fesur tymheredd yr aer ar yr un pryd ar wahanol lefelau

uwchben y ddaear. Yn 1750, a gyhoeddwyd Benjamin Franklin

cynnig i brofi bod mellt yn trydan drwy hedfan

barcud.

Yn 1822, ysgolfeistr Saesneg a dyfeisiwr George

Defnyddio Pocock pâr o farcutiaid ar linell sengl 1,500 i 1,800

troedfedd o hyd i dynnu cerbyd cludo teithwyr am sawl

cyflymder o hyd at 20 milltir yr awr. Gan fod trethi ffordd yn

yr amser yn seiliedig ar y nifer o geffylau cerbyd

defnyddio, Pocock yn esempt rhag talu unrhyw dollau.

Yn 1898, a wnaed Guglielmo Marconi y radio llwyddiannus cyntaf

trosglwyddo dros ddŵr o ynys Flat Holm yn y

Môr Hafren drwy ddefnyddio barcud i godi ei awyr. Yn 1899, roedd y

Brodyr Wright adeiladu barcud hydrin bach i wirio

eu syniadau o adain warping mewn rheolaeth awyrennau. Mae hyn yn chwarae

rôl uniongyrchol yn eu hedfan powered llwyddiannus yn 1903.

Barcutiaid blwch dyn-godi Americanaidd Samuel Franklin Cody yn

eu cyflwyno yn 1901 a chawsant eu defnyddio gan y Cyngor Prydeinig

fyddin yn ystod y Rhyfel Byd Cyntaf i gymryd lle arsylwi magnelau

balwnau. Roedd yr Almaenwyr hefyd yn defnyddio barcutiaid hyn i gynyddu

yr ystod gwylio llongau tanfor wyneb-mordeithio. Yn

1999, defnyddiodd tîm barcud pŵer i dynnu sleds yr holl ffordd i

Pegwn y Gogledd!

Esgidiau rholio

Sglefrio iâ wedi bod yn ddull poblogaidd o deithio hir

ar gamlesi Iseldiroedd rhewi yn y gaeaf, ond Iseldireg anhysbys

dyfeisydd yn gynnar yn y 18fed ganrif am i sglefrio yn y

yr haf. Roedd yn hoelio spools pren i stribedi o bren a

eu ynghlwm wrth ei esgidiau, a thrwy hynny darganfod tir sych

sglefrio neu Skeeling.

Mae'r gofnodwyd dyfeisiwr sglefrio rholer cyntaf oedd Gwlad Belg

o'r enw John-Joseph Merlin. Yn 1760, dangosodd y

sglefrio unol cyntefig gydag olwynion metel a mynychu hyd yn oed

parti ffugio tra'n gwisgo un o'i metalwheeled newydd

esgidiau. Dymuno gwneud mynedfa fawreddog, Merlin

ddod i mewn tra'n chwarae'r ffidil. Fodd bynnag, roedd damwain i mewn i

drychau hyd y mur sy'n leinio y neuadd, gan achosi

anafiadau difrifol ac arwain ef i roi'r gorau ei ddyfais.

Y patent cyntaf ar gyfer dyluniad sglefrio rholer gyhoeddwyd yn Ffrainc

i M. Petitbled yn 1819. Fe'i gwnaed o bren unig bod

ynghlwm wrth waelod y esgid, gosod dwy i bedair

rholeri gwneud o gopr, pren, neu ifori a trefnu mewn

llinell syth sengl. Yn 1823, Robert John Tyers, ffrwythau-werthwr

yn Piccadilly, Llundain, patent sglefrio o'r enw Volito,

a ddisgrifir fel 'cyfarpar i fod ynghlwm wrth esgidiau ... ar gyfer y

Pwrpas y teithio neu bleser. 'Nid yw'r esgidiau sglefrio cynnar yn hydrin iawn, ond sglefrwyr iâ arbenigol yn gallu

dyblygu rhai o'u symudiadau arnynt. Sglefrio cyhoeddus mawr

Agorwyd y rinc mewn nifer o ddinasoedd yn Ewrop erbyn y 1850au.

Mae'r troi sglefrio rholer neu quad sglefrio pedair olwyn, a wnaed gyda phedair olwyn a osodwyd yn ddau bâr ochr yn ochr, oedd y cyntaf

cynllunio yn 1863, yn Ninas Efrog Newydd, gan y dyfeisiwr Americanaidd

James Leonard Plimpton mewn ymgais i wella ar

dyluniadau blaenorol. Mae'r cynllun yn caniatáu tro yn haws ac yn

hydrinedd, gan gynnwys y gallu i sglefrio yn ôl

ac yn gwneud stopio yn sydyn, ac arweiniodd hyn at iddo fod yn enfawr

llwyddiant. O ganlyniad, daeth Plimpton a elwir fel tad

o sglefrio rolio modern.

Esgidiau rholio yn cael eu-masgynhyrchu yn America gan

y 1880au. Ym 1884, derbyniodd Levant M. Richardson patent

ar gyfer y defnydd o Bearings bêl dur yn olwynion sglefrio, gan arwain

mewn esgidiau sglefrio ysgafnach gyda llai ffrithiant. Mae dyluniad y

sglefrio cwad yn ei hanfod yn ddigyfnewid ar ôl hynny

a dominyddu y diwydiant hwn am fwy na chanrif.

Yn y pen draw, yn unol sglefrio gyda rhes sengl o olwynion

yn boblogaidd. Yn y 1980au, brodyr Scott a Brennan

Olson, o Minneapolis, Minnesota dechreuodd dylunio a

gwerthu esgidiau sglefrio inline, a elwir yn rollerblades, a ddarparodd

daith llyfn iawn, yn enwedig yn yr awyr agored. Heddiw esgidiau sglefrio o'r fath

dominyddu'r farchnad.

TEDI BERS

Theodore Roosevelt, a elwir yn well fel Teddy Roosevelt,

26ain llywydd yr Unol Daleithiau, yw'r person

yn gyfrifol am roi tedi bêr ei enw. Roosevelt

yn helpu i setlo anghydfod ffin rhwng yr Unol Daleithiau

taleithiau Mississippi a Louisiana. Ar 14 Tachwedd, 1902,

fod yn mynychu helfa arth yn Mississippi pan fydd rhai

o'i gynorthwywyr cornelu, clubbed, a clymu Americanaidd

Black Bear at goeden helyg ar ôl, hela flinedig hir

â chŵn. Gwrthod Roosevelt i saethu yr arth hanafu

ei hun, gan ddweud y byddai'n unsportsmanlike, ond archebu

iddo gael ei ladd ei roi allan o'i boen. Dau ddiwrnod yn ddiweddarach, The

Rhedodd Washington Post yn cartŵn golygyddol gan y gwleidyddol

a elwir yn cartwnydd Clifford Berryman K. Drawing the Line yn

Mississippi oedd yn dangos y anghydfod llinell wladwriaeth a'r

arth helfa. Y cartŵn a'r stori mae'n dweud ddaeth yn boblogaidd

ac o fewn y flwyddyn, ymddangosodd y tegan arth tedi.

Nid oes neb yn siwr iawn a wnaeth yr arth tedi cyntaf.

Mae'r stori mwyaf poblogaidd yn cynnwys Morris Michtom, a

yn berchen ar newydd-deb bach a storfa Candy yn Brooklyn, New

Efrog. Un diwrnod creu ei wraig Rose ychydig arth stwffio

Cybiau o excelsior moethus ac yn gorffen gyda esgidiau du

llygaid botwm. Yn fuan wedi hynny, clywodd Michtom am

Cartŵn a Berryman yn rhoi yr arth yn ei ffenestr siop i'w harddangos. Yna dechreuodd Mae llawer o gwsmeriaid i holi am

ei brynu. Synhwyro cyfle busnes, anfonodd Michtom

un i Roosevelt, derbyniodd ganiatâd i ddefnyddio ei enw

a dechrau gwerthu Bears Tedi. Roedd y teganau oedd yn

llwyddiant ar unwaith. O fewn blwyddyn, a sefydlwyd Michtom y

Delfrydol Newydd-deb a Toy Company, a oedd i ddod yn

un o'r cwmnïau tegan mwyaf yn y byd.

Tua'r un pryd yn Giengen, yr Almaen, yr Steiff

Cynhyrchu cwmni arth stwffio o gynlluniau gan Richard

Steiff. Cafodd ei arddangos yn y Ffair Deganau Leipzig Mawrth

1903. Yno, Hermann Berg, i brynwr ar gyfer tegan Americanaidd

cwmni, ei weld a'i orchymyn 3000 ar unwaith i gael ei anfon

i'r Unol Daleithiau. Mae'r Steiffs yna eu gwerthu 12,000 o eirth yn

Ffair y Byd Saint Louis yn 1904 a derbyniodd yr aur

medal, yr anrhydedd uchaf yn y digwyddiad. Mae'r math hwn o deganau

hefyd daeth yn arth yn gysylltiedig â hanesion am Llywydd

Roosevelt a daeth yn adnabyddus fel Tedi.

Erbyn 1906, gweithgynhyrchwyr heblaw Michtom a Steiff

wedi ymuno i mewn ac y craze ar gyfer Bears Roosevelt oedd

fel bod merched a wnaed yn eu ym mhob man, plant yn

llun gyda nhw, ac roedd Roosevelt yn defnyddio un fel

masgot yn ei wneud cais am ail-etholiad.

CAMERÂU

Camerâu ffotograffig yn seiliedig ar y camera obscura,

sy'n dyddio'n ôl i'r Tseiniaidd hynafol a Groegiaid. Mae'n

yn defnyddio twll pin neu lens i gyfleu delwedd upside-lawr

yr olygfa y tu allan. Yn 1685, adeiladwyd yr Almaen Johann Zahn y

obscura camera cyntaf yn fach ac yn ddigon cludadwy

fod yn ymarferol ar gyfer ffotograffiaeth, dros 150 o flynyddoedd cyn

ffotograffiaeth ei dyfeisio hyd yn oed.

Yr oedd yn Ffrancwr Joseph Niépce a gymerodd y cynharaf

ffotograffau hysbys, tua 1827. dyfeiswyr eraill

dyfeisio gwell prosesau ffotograffig, daguerreotypes

a calotypes, yn fuan wedi hynny. Ond mae'r rhain ffotograffig

prosesau yn dal yn seiliedig ar gamerâu tebyg i Zahn yn

Model 17eg ganrif. Roedd y rhain yn ddyluniad llithro-blwch

y lens a roddir yn y blwch flaen ac ail, ychydig yn

blwch llai y tu ôl iddo y gellid eu symud ar gyfer canolbwyntio.

Mae'r caead mecanyddol ei ddyfeisio yn y 1870au, a oedd yn

caniatáu ar gyfer amseroedd amlygiad byrrach.

Ffilm ffotograffig, a wnaed yn wreiddiol o bapur ac yn ddiweddarach

seliwloid, arloeswyd gan Americanaidd George Eastman yn

Aeth 1885. Mae ei camera llwyddiannus cyntaf, y Kodak, ar werth

ym 1888. Roedd yn camera blwch syml a rhad gyda

lens ffocws sefydlog, cyflymder caead sengl, a digon o ffilm ar gyfer 100 o amlygiadau. Ym 1900, lansiodd Eastman y Brownie,

blwch camera hyd yn oed yn symlach ac yn rhatach yn fuan daeth yn

boblogaidd iawn. Galluogodd y Brownie amatur eang

ffotograffiaeth fel cipluniau a chardiau post llun.

Oskar BARNACK, oedd yn gweithio yn y cwmni Almaenig Leitz,

camerâu compact dyfeisio oedd yn defnyddio negyddol bach, megis

fel ffilm sinema 35mm-eang. Lansiodd Leitz y byd

camera cyntaf 35mm, y Leica I, yn 1925. Mae un-lens

SLR atgyrch, camera lens yn defnyddio ei hun i gael rhagolwg yn union

beth fydd yn cael tynnu llun. Mae'r camera SLR cyntaf

ffilm 35mm a ddefnyddiwyd oedd y buchod Exakta o 1936.

Mae'r Model Polaroid 95, camera unwaith cyntaf y byd,

Dyluniwyd gan y dyfeisiwr Americanaidd Edwin Tir ac

a lansiwyd yn 1948. Cynhyrchodd printiau cadarnhaol gorffenedig

o negyddion agored mewn llai nag un munud. Mae'r

camera Polaroid rhad cyntaf, y Model 20 Swinger

a lansiwyd yn 1965, yn llwyddiant mawr ac yn parhau i fod yn un

o'r camerâu top-werthu o bob amser. Cyflwynodd Fuji y

camerâu defnydd tafladwy neu un erioed-boblogaidd yn 1986.

Gyda dyfodiad camerâu digidol modern, sy'n defnyddio
synhwyrydd ddelwedd electronig a chof i dynnu lluniau
yn hytrach na camerâu ffilm, analog neu ffilm ffotograffig wedi
diflannu bron yn gyfan gwbl oddi wrth y farchnad.

Fflachiadau CAMERA

Ffotograffiaeth gan ddefnyddio dyddiadau golau artiffisial yn ôl i 1839
pan gaiff ei ddefnyddio L. Ibbetson golau ocsi-hydrogen, a elwir hefyd yn
fel amlygrwydd, wrth dynnu lluniau gwrthrychau microsgopig.
Fodd bynnag, mae'r lluniau sy'n deillio yn cael eu goleuo llym a
Dangosodd, wynebau golau sialc-gwyn.
Félix Nadar, ffotograffydd Ffrengig a newyddiadurwr,
llun y carthffosydd Paris gan ddefnyddio batteryoperated
goleuo. Ond nid oedd hyd 1877 fod Henry Van
Agorodd der Weyde y stiwdio cyntaf gan ddefnyddio golau trydan yn
Llundain. Powered gan dynamo ei yrru gan nwy, mae'n cael digon
golau i ganiatáu i amlygiadau o ddim ond 2-3 eiliad.
Yr angen am amlygiadau byrrach hyd yn oed yn arwain at y defnydd o
magnesiwm, sydd yn fflamadwy a llosgiadau hynod gyflym
gyda fflach llachar o olau. Erbyn 1864, gwifrau magnesiwm a
rhubanau oedd ar werth. Mae'r metel ei losgi yn wats
lampau gyda adlewyrchyddion. Fodd bynnag, gan fod llosgi yn aml
anghyflawn, datguddiadau yn tueddu i amrywio'n sylweddol. Mae'r
dull hefyd yn anniogel ac rhyddhau llawer o fwg a
lludw. Serch hynny, lampau magnesiwm yn parhau i fod yn boblogaidd
drwy'r 1880au.
Yn 1887, cemegwyr Almaen Adolf Miethe a Johannes Gaedicke cymysg powdr magnesiwm cain gyda photasiwm

clorad, mae oxidiser, i gynhyrchu Blitzlicht. Roedd hyn yn

y powdwr fflachia a ddefnyddir yn eang yn gyntaf. Blitzlicht roedd gan y

gallu i gynhyrchu lluniau yn y nos gyda uchel iawn

shutter cyflymder a daeth yn boblogaidd iawn. Fodd bynnag, mae'r

cyfuniad weithiau'n arwain at ffrwydradau, a achosodd

rhai damweiniau difrifol iawn.

Dyfeisio Americanaidd Joshua Cohen y bwlb fflach yn 1899.

Roedd yn defnyddio batris cell sych i danio fflach yn electronig

powdwr. Yn 1929, roedd y Vacublitz, y bwlb fflach gwir cyntaf,

ei gyflwyno yn yr Almaen gan y Cwmni Hauser. Mae'n

yn debyg i ddyfais Cohen ond llosgi alwminiwm

ffoil mewn bwlb gwydr. Bylbiau fflach yn ddiogel, noiseless, a

di-fwg. Erbyn y 1930au, daethant yn cydamseru gyda'r

caeadau camera, gan wneud yn syml ffotograffiaeth fflach hyd yn oed

ar gyfer amaturiaid. Gallai pob bwlb yn cael ei defnyddio unwaith, felly gan y

1960au cynnar, mae cwmnïau wedi dechrau i becyn nifer o fylbiau

yn un uned, fel Kodak yn Flashcube, a oedd wedi pedwar.

Yn 1931, 'Doc' Harold Edgerton o MIT cynhyrchodd y

tiwb fflach electronig cyntaf. Fflachio electronig yn defnyddio uchel

foltedd i greu arc trydan trwy nwy xenon

mewn tiwb gwydr. Maent yn rhad, aildrydanadwy, a

gall eu dwyster yn cael ei reoli yn hawdd. Heddiw hyn

disodli bylbiau fflach yn gyfan gwbl.

Gwregysau SEAT

Un o'r enghreifftiau cyntaf o ddefnyddio gwregysau diogelwch a ddigwyddodd ar ddechrau'r 19eg ganrif pan Saesneg enwog

dyfeisio peiriannydd ac awyrennwr Syr George Cayley math

o gwregys diogelwch ar gyfer eu defnyddio yn ei gleider. Er bod Edward J.

Derbyniodd Claghorn Efrog Newydd y patent gwregys sedd gyntaf yn

1885, ei ddyfais oedd i fod i gael ei defnyddio gan arlunwyr a

dynion tân, nid teithwyr Automobile. Ym 1911, Americanaidd

cynllunio hedfan Benjamin Foulois harnais ar gyfer y sedd

ei Wright Flyer Signal Corps 1 awyrennau. Roedd am i

ei ddal yn gadarn yn ei sedd fel y gallai reoli yn well ei

awyrennau ar y caeau garw a ddefnyddir ar gyfer takeoff a glanio.

Fodd bynnag, nid oedd tan yr Ail Ryfel Byd bod gwregysau diogelwch

Daeth safonol mewn awyrennau milwrol.

Yn ystod y 1930au, mae sawl meddygon Americanaidd offer

eu ceir eu hunain gyda dau-phwynt 'gwregysau lap' a dechreuodd annog

gweithgynhyrchwyr am eu darparu yn holl geir newydd, ond gydag ychydig

llwyddiant. Ym 1954, fodd bynnag, mae'r Clwb Ceir Chwaraeon America,

gwregysau lap yn awr NASCAR, a wnaed yn orfodol ar gyfer pob gyrrwr

yn ystod rasys auto. Y flwyddyn nesaf, Dr C. Hunter Shelden

o Pasadena, California, cynigiodd nid yn unig dynadwy

gwregys diogelwch, ond hefyd olwynion llywio cilannog, atgyfnerthu

toeau, bariau rholio, cloeon drws, a chyfyngiadau goddefol megis

bagiau awyr i wella diogelwch Automobile. Meddygol, yr heddlu a diwydiant auto chymdeithasau amrywiol o amgylch y byd hefyd

Dechreuodd hyrwyddo gwregysau diogelwch tua'r adeg hon. Car Americanaidd

gweithgynhyrchwyr Nash (1949), Ford (1955), a Chrysler (1956)

Dechreuodd cynnig gwregysau diogelwch fel dewisiadau, tra bod y Sweden Saab

cyflwyno gwregysau lap yn safonol ym 1958. Mae nifer o Ford

hysbysebion o'r cyfnod amlwg cynnwys newydd

Nodweddion-gan gynnwys diogelwch achubwr bywyd gwregysau diogelwch.

Mae'r gwregys diogelwch 'glin a ysgwydd' modern tri-pwynt a ddefnyddir

yn y rhan fwyaf o gerbydau defnyddwyr heddiw ei patent yn 1955 gan

Roger Griswold Americanwyr a Hugh DeHaven. Mae hyn yn

model gwella ymhellach ar gan y dyfeisiwr Swedaidd

Nils Bohlin ar gyfer gwneuthurwr ceir Volvo Sweden, a oedd yn

gyflwyno fel offer safonol yn 1959. Yn ogystal,

i ddylunio gwregys tri-phwynt, dangosodd Bohlin ei

effeithiolrwydd mewn astudiaeth o 28,000 o ddamweiniau yn Sweden. Yn

1962, rhoddwyd iddo patent Unol Daleithiau ar gyfer y ddyfais. Gwregysau o'r fath

daeth yn dyfais ddiogelwch safonol yn y rhan fwyaf o geir erbyn y 1970au.

Yn 1963, Cyngres yr Unol Daleithiau pasio deddfwriaeth ei gwneud yn ofynnol

pob automobiles i gydymffurfio â safonau diogelwch penodol.

Cyfraith gwregys sedd gyntaf yn y byd yn ei le yn 1970,

yn nhalaith Victoria, Awstralia, gan ei gwneud yn orfodol

ar gyfer gyrwyr a theithwyr blaen-sedd. Heddiw, y rhan fwyaf

o'r byd cyfreithiau o'r fath. Yn 2002, amcangyfrifwyd bod Volvo

y gwregys diogelwch eisoes wedi arbed dros filiwn o fywydau.

Sychwyr windshield

Y dyfeisiwr Mary Anderson o Birmingham, Alabama

cael ei gredydu â dyfeisio y sgrin wynt gweithredol cyntaf

sychwyr yn 1903. Ar rhewi, ddiwrnod gwlyb y gaeaf o gwmpas y

flwyddyn 1900, Anderson yn reidio Streetcar ar ymweliad â

Dinas Efrog Newydd pan sylwi ei bod y gyrrwr gallai

prin gweld trwy ei windshield flaen encrusted-eirlaw.

Ffenestr flaen y troli yn ei rannu'n rhannau fel bod y

Gallai gyrrwr agor, symud y eira neu dan orchudd glaw

adran allan o'i linell o weledigaeth, ond mae system hon yn gweithio

yn wael iawn. Mae'n agored wyneb heb ei orchuddio y gyrrwr, nid

sôn am yr holl deithwyr eistedd tuag at y blaen,

y tywydd drwg ac nid oedd yn gwella ei gallu i weld

ble roedd yn mynd, mewn unrhyw achos.

Dechreuodd Anderson i fraslunio ei ddyfais wiper iawn yno

ar y Streetcar. Ar ôl nifer o ffug yn dechrau, hi a ddaeth

i fyny gyda prototeip oedd yn gweithio-set o breichiau wiper

a wnaed o bren a rwber a ynghlwm wrth

ddenu ger yr olwyn lywio ochr y gyrwyr '. Pan

y gyrrwr tynnu y lifer, mae'n llusgo y gwanwyn-lwytho

fraich ar draws y ffenestr ac yn ôl eto, clirio i ffwrdd

diferion glaw, plu eira, neu ysgyrion eraill.

Roedd Anderson fodel ei dylunio gweithgynyrchu ac wedyn mae hi'n ffeilio cais am batent, yr Unol Daleithiau 743,801, a oedd yn

a gyhoeddwyd ar 10 Tachwedd, 1903. Yn ei patent, Anderson

elwir yn ei ddyfais dyfais glanhau ffenestr ar gyfer trydan

ceir a cherbydau eraill. Yna mae hi'n ceisio ddiddordeb

cwmnïau i gynhyrchu y ddyfais. Yn anffodus,

pobl scoffed yn ei ddyfais, gan ddweud bod y sychwyr '

Byddai symudiad dynnu sylw'r gyrrwr ac achosi damweiniau,

a'r patent yn y pen draw dod i ben.

Ffurfiwyd Americanaidd John R. Oishei y Tri-Continental

Gorfforaeth yn 1917, a gyflwynodd y sgrin wynt gyntaf

sychwr, rwber Glaw, ar gyfer y slotio, windshields dwy-ddarn

gweld ar lawer o automobiles o'r amser. Mae'r rhain yn

Roedd sychwyr windshield mecanyddol cynnar i gael eu gweithredu

â llaw. Naill ai y gyrrwr neu deithiwr i weithio

crank i wneud y sychwyr yn mynd yn ôl ac ymlaen!

Dyfeisiwr William M. Folberth gwneud cais am batent ar gyfer

cyfarpar wiper sgrin wynt awtomatig yn 1919, a oedd yn

a roddwyd yn 1922. Mae'r sychwyr eu gyrru gan injan aer,

dyfais cysylltu gan diwb i'r bibell fewnfa y car

modur. Mae'r system bweru-gwactod newydd daeth yn gyflym

offer safonol ar automobiles, ac yn cael ei ddefnyddio hyd nes

tua 1960. sychwyr trydan Modern, ynghlwm wrth ben

y sgrin wynt, yn cael eu creu gan Bosch mor gynnar â 1926, ond

wedi'u cadw yn wreiddiol yn unig ar gyfer modelau moethus.

CARDIAU CREDYD

Yn 1730, Christopher Thompson, mae dodrefn Saesneg

masnachwr, creodd yr hysbyseb hysbys cyntaf ar gyfer credyd

drwy gynnig dodrefn y gellid ei dalu i ffwrdd bob wythnos. Mae ei

syniad yn codi ac yn eu defnyddio tan ddechrau'r 20fed ganrif gan

tallymen. Tallymen gwerthu dillad y gallai cwsmeriaid yn talu am

mewn taliadau wythnosol bach. Maent yn cadw cyfrif o hyn y mae pobl

wedi prynu ar ffyn pren marcio gyda rhiciau.

Yn ystod y 1800au hwyr, masnachwyr cyfnewid fel mater o drefn

nwyddau ar gredyd, gyda darnau arian credyd a phlatiau tâl gweithredu

fel arian cyfred. Yn y 1900au cynnar, cwmnïau olew Americanaidd

a dechreuodd siopau adrannol cyhoeddi cardiau perchnogol

bod ond yn derbyn yn eu busnesau eu hunain. Mae hyn yn

system o gredyd wedi cymryd cam ymlaen yn 1914, pan fydd y Gorllewin

Rhoddodd Undeb rhai o'u cwsmeriaid rheolaidd Metal Arian,

cerdyn metel y gellid ei ddefnyddio ar gyfer ohiriadau di-log ar eu taliadau. Diwydiannau eraill megis petroliwm,

ffonau, rheilffyrdd, a chwmnïau hedfan dechreuodd cynnig tebyg

cardiau i'r cyhoedd yn ystod y 1930au.

Yr Unol Daleithiau gwahardd yr holl gardiau credyd a ddim yn ystod

Rhyfel Byd II. Fodd bynnag, dechreuodd y busnes ffynnu

eto cyn gynted ag y rhyfel ar ben. Mae'r cerdyn banc cyntaf,

enwir Charg-It, ei gyflwyno ym 1946 gan John Biggins, banciwr yn Brooklyn, Efrog Newydd. Gallai Pryniannau dim ond

gwneud yn lleol ac roedd deiliaid cardiau i gael cyfrif ar

Banc Biggins '.

Ym 1949, roedd dyn o'r enw Frank McNamara busnes

cinio mewn bwyty Efrog Newydd, ond anghofiais i ddod â'i

waled. Mae'r profiad ei argyhoeddi o'r angen am

arall yn lle arian parod. Y flwyddyn nesaf McNamara a'i bartner

lansio cerdyn cardbord bychan o'r enw Cerdyn Diners Club.

A ddefnyddir yn bennaf ar gyfer teithio ac adloniant, dyna oedd y tro cyntaf

cerdyn credyd yn wir. Fodd bynnag, mae cael y bil i fod yn gwbl

talu bob mis. Ym 1958, lansiodd American Express eu

cerdyn credyd eich hun i gystadlu â Diners Club.

Mae'r cerdyn troi-credyd cyntaf ei gyhoeddi gan y Banc

America yn 1958. Roedd y BankAmericard oedd y cyntaf i gynnig

opsiynau talu deiliaid cardiau; bellach roedd yn rhaid iddynt dalu

eu bil cyfan bob mis.

Yn 1966, mae grŵp o fanciau Americanaidd ymuno gyda'i gilydd i

creu y Gymdeithas rhwng banciau Cerdyn (ICA), a elwir bellach yn

MasterCard, ar gyfer cyhoeddi cardiau a thrafodion prosesu.

Sefydlu Bank of America Gwasanaeth BankAmerica

Gorfforaeth, a elwir bellach yn VISA, yr un flwyddyn. Heddiw

VISA a MasterCard yn cerdyn credyd mwyaf blaenllaw y byd cymdeithasau.

NEGESEUON TESTUN (SMS)

Heddiw 3600000000 bobl neu 78 y cant o'r holl ffôn symudol danysgrifwyr yn defnyddio SMS, a elwir hefyd yn negeseuon testun.

Fodd bynnag, yr oedd yn llwyddiant damweiniol a gymerodd bron pawb yn y diwydiant symudol yn annisgwyl. Mae'r stori yn dechrau yn y 1980au cynnar, yn ystod y broses o greu System Fyd-eang ar gyfer Cyfathrebu Symudol (GSM).

Matti Makkonen, peiriannydd Ffindir, yn cynnig cynnar Cysyniad SMS yn ystod datblygiad GSM. Ei syniad Roedd system negeseuon syml iawn fyddai'n gweithio hyd yn oed pan fydd y ddyfais yn cael ei ddiffodd neu y tu allan i'w ardal ddarlledu. Roedd ymhellach y cysyniad SMS datblygu o fewn y cydweithio GSM Franco-Almaeneg yn 1984 gan Friedhelm Hillebrand a Bernard Ghillebaert.

Eu syniad allweddol oedd i ailddefnyddio rhwydwaith GSM, a oedd yn optimeiddio ar gyfer galwadau llais, ar gyfer cludo negeseuon testun yn ystod hyn a elwir yn gyfnodau signalau oedd eu hangen i rheoli traffig llais. Mae'r defnydd a ganiateir heb eu defnyddio adnoddau system am gost isel.

Yn 1992, Neil Papworth y Grŵp SEMA oedd y cyntaf i anfon neges SMS, gan ddefnyddio cyfrifiadur ar y Vodafone Rhwydwaith GSM yn y DU. Roedd y neges 'Merry

Nadolig ', a anfonwyd at Richard Jarvis o Vodafone, a oedd yn defnyddio'r cyntaf sydd ar gael GSM set llaw-y Orbitel 901.

Mae'r gwasanaethau SMS cyntaf hysbysu defnyddwyr ynghylch post llais

negeseuon. Nid yw darparwyr Cellog ddim yn meddwl bod pobl

fyddai'n dymuno anfon pob negeseuon testun arall, oherwydd

maent yn dal i ystyried fel math o paging. Gwasanaethau galw personol,

lle mae gweithredwr dynol mewn canolfan gwasanaeth, sy'n cynnwys

ac anfon negeseuon galw i mewn gan ddefnyddwyr, wedi bod yn

o gwmpas ers peth amser. Mae'r gwasanaeth SMS masnachol cyntaf

werthu i ddefnyddwyr yn negeseuon testun o berson i berson

gwasanaeth erbyn Radiolinja yn y Ffindir yn 1993.

Twf SMS cychwynnol yn araf, gyda chwsmeriaid GSM yn 1995

anfon ar gyfartaledd dim ond 0.4 neges i bob cwsmer

y mis. Un ffactor yn mabwysiadu araf o SMS yn

bod gweithredwyr yn araf i sefydlu systemau codi tâl,

yn enwedig ar gyfer tanysgrifwyr rhagdaledig, ac i ddileu bilio

twyll. Hefyd rwydweithiau yn y DU yn unig cwsmeriaid a ganiateir

i anfon negeseuon at ddefnyddwyr eraill ar yr un rhwydwaith.

Mae'r cyfyngiad hwn ei godi yn 1999.

Erbyn diwedd 2000, y nifer cyfartalog o negeseuon

cyrraedd 35 y defnyddiwr y mis ac erbyn Dydd Nadolig yn

2006 dros 205 miliwn negeseuon yn cael eu hanfon yn y DU yn unig.

Yn 2010, 6100000000000 negeseuon yn cael eu hanfon ledled y byd, sy'n

trosi i 193,000 negeseuon yr eiliad.

SEDDAU DIOGELWCH CAR

Seddau diogelwch yn y car, y cyfeirir ato hefyd seddi diogelwch fel babanod, yn cael eu

seddau sydd wedi'u cynllunio'n arbennig i amddiffyn plant rhag

marwolaeth neu anaf yn ystod gwrthdrawiadau Automobile. Gerbyd damweiniau ymhlith y lladd blaenllaw o blant a

y rhan fwyaf o'r marwolaethau yn digwydd oherwydd nad yw'r plant yn

sicrhau yn y math iawn o sedd diogelwch yn y car. Tro cyntaf yn

1898, seddi diogelwch cynnar yn fawr mwy na bagiau gyda

llinyn tynnu a allai fod ynghlwm wrth y sedd car. Roeddent yn

dim ond i fod i gadw plant rhag cael i fyny neu ddisgyn

oddi ar eu seddi pan oedd car mewn diogelwch cynnig-blentyn

Nid oedd yn wir yn flaenoriaeth. Ers hynny, mae llawer o addasiadau

ac addasiadau wedi cael eu rhoi ar waith i ddiogelu'r rhai

bod gyrru a theithio mewn automobiles, gan gynnwys cyfyngiadau

i amddiffyn oedolion a phlant.

Yn 1962, Leonard Rivkin, cyd-berchennog Guys and Dolls, a

plant teganau a siop ddodrefn yn Denver, Colorado,

yn dod i fyny gyda dyluniad ar gyfer y sedd car cyntaf ar gyfer amddiffyn

plentyn. Ar y pryd, seddi blaen yn cael eu cynllunio i droi

ymlaen, felly, mewn damwain, babanod gellid eu taflu i mewn i'r

windshield. Metel ffrâm sedd car Rivkin wedi ei gynllunio

i aros yn eu lle drwy atal y sedd i deithwyr o

cnithio. Dyfeisiodd hefyd dyfeisiwr Prydeinig Jean Ames plentyn yn gynnar

sedd diogelwch ym 1962. Roedd gan y dyluniad Ames strapiau sy'n

dal y sedd padio yn erbyn y sedd teithiwr cefn.

O fewn y sedd, cafodd y plentyn ei hatal gan Y-siâp

harnais a llithro dros ei ben ac mae'r ddau ysgwyddau a'r

Roedd clymu rhwng ei goesau.

Yn y 60au hwyr, Swedeg auto-dylunwyr ddatblygodd y cyntaf

cefn-wynebu sedd diogelwch plant a gynlluniwyd i atal baban

rhag cael eu hanafu mewn damwain auto. Roedd yn seiliedig ar

y syniad o daith i lawr, hy, lleihau cyflymu perthynas

y cerbyd yn ystod gwrthdrawiad. Cymerodd ei ddyluniad nifer o flynyddoedd

a phrofi helaeth, ond yn y diwedd, maent wedi datblygu

un o nodweddion diogelwch mwyaf pwysig i gael eu hychwanegu at

automobiles. Fodd bynnag, yn ystod y cyfnod hwn, dim ond y mwyaf

prynu diogelwch rhieni yn ymwybodol o seddi diogelwch plant.

Yn y 1970au, yn wynebu gyda dyfais ddiogelwch sy'n gweithio i

plant, ond nad ydynt yn gallu argyhoeddi'r cyhoedd bod

eu bod yn affeithiwr hangen ar gyfer gofal plant, roedd

gwthio enfawr i addysgu'r cyhoedd am seddau diogelwch a'r

peryglon a achosir i blant o gwregysau lap confensiynol.

Roedd Tennessee y cyflwr yr Unol Daleithiau cyntaf i basio deddfau ei gwneud yn ofynnol

y defnydd o seddau diogelwch i blant ifanc. Rhwng 1978

a 1985, pob Unol Daleithiau cyflwr sengl yr un peth. Heddiw,

rhan fwyaf o wledydd wedi cyfreithiau tebyg.

Fflasgiau THERMOS

Mae'r fflasg gwactod, a elwir hefyd yn fflasg Dewar, Dewar

botel, neu Thermos, ei ddyfeisio gan ffisegydd yr Alban

a fferyllydd Syr James Dewar yn 1892. dyfais Dewar yn

fwriadwyd yn bennaf i gadw nwyon hylifedig, fel

nitrogen hylif a hydrogen, trwy atal y trosglwyddo

gwres o'r amgylchoedd. Mae'n cynnwys dwy fflasgiau,

gosod un o fewn y llall ac yn ymuno yn y gwddf. Mae'r

bwlch rhwng y ddau fflasgiau cynnwys gwactod ger y

atal trosglwyddo gwres trwy ddargludiad neu darfudiad,

ac roedd eu arwynebau adlewyrchol haenau i atal gwres

trosglwyddo drwy ymbelydredd. Mae'r fflasgiau gwactod masnachol cyntaf

eu gwneud yn 1904 pan fydd cwmni Almaeneg, Thermos

GmbH, ei sefydlu gan ddau chwythwyr gwydr. Cynhaliwyd

gystadleuaeth papur newydd i enwi eu cynnyrch a phreswylydd

Munich gyflwyno 'Thermos', a ddaeth oddi wrth y

Gair Groeg Therme golygu 'gwres'. Dewar wedi methu â

gofrestru patent ar gyfer ei ddyfais a oedd yn patent yn ddiweddarach

gan Thermos i bwy Dewar colli achos llys.

Yn 1907, gwerthodd Thermos GmbH y nod masnach Thermos

hawliau i dri chwmni annibynnol. Maent yn datblygu

y fflasgiau gwactod a gymerwyd ar lawer o enwog

teithiau, gan gynnwys taith Ernest Shackleton i'r

Antarctig, taith Robert Peary i'r Arctig yn 1909, a safari Affricanaidd Americanaidd Arlywydd Theodore Roosevelt

ym 1909. Daeth hefyd yn yr awyr pan fydd y Brodyr Wright

gario i fyny yn eu awyrennau a Theithwyr Ferdinand von

Zeppelin yn ei awyrlongau.

Yn 1911, roedd y llenwad gwydr a wnaed â pheiriant cyntaf ei gyflwyno

ar gyfer fflasgiau thermos ac mae eu poblogrwydd tyfodd yn gyflym.

Dyfeisio ffisegydd Americanaidd William Stanley Jr y ALLSTEEL

potel gwactod yn 1913 a dechreuodd gwmni o'r enw

Stanley sy'n parhau i fod yn un o'r brandiau mwyaf poblogaidd o

thermoses ar y farchnad. Yn ystod yr Ail Ryfel Byd, mae dros

Aeth 10,000 Thermos neu Stanley fflasgiau gwactod allan gyda

Criwiau awyren fomio y Cynghreiriaid ar bob cyrch mawr.

Thermos parhau i fod yn nod masnach cofrestredig mewn rhai gwledydd

ond yn datgan nod masnach cyffredinol yn yr Unol Daleithiau yn

1963 gan ei fod wedi dod yn gyfystyr â fflasgiau gwactod yn

cyffredinol. Mae hyn yn enghraifft o 'erydiad nod masnach', sy'n

digwydd pan fydd nod masnach yn dod mor gyffredin bod yn dechrau

cael ei ddefnyddio fel enw cyffredin a'r cwmni gwreiddiol

yn methu i atal defnydd o'r fath. Yn yr achos hwn, ni all y gair fod yn

cofrestru anymore. Enghreifftiau Americanaidd cynnwys Aqua-ysgyfaint

(Divers Unol Daleithiau), Aspirin (Bayer AG), grisiau codi (Otis Elevator

Cwmni), Heroin (Bayer AG), Kerosene (Abraham Gesner),

Sgriw Phillips-pen (Henry F. Phillips), Yo-Yo (Duncan Yo-

Yo y Cwmni), a zipper (B.F. Goodrich).

Parasiwtiau

Mae'r dystiolaeth gynharaf ar gyfer parasiwt yn ymddangos mewn llawysgrif

o 1470au Eidal. Leonardo da Vinci fraslun mwy

dylunio soffistigedig tua 1485. Mae dichonoldeb ei

dylunio yn cael ei gwirio yn 2000 gan Sais Adrian Nicholas.

Fodd bynnag, nid oedd y parasiwt modern ei ddyfeisio tan y

diwedd y 18fed ganrif gan Louis-Sébastien Lenormand yn Ffrainc,

a wnaeth ei naid gyhoeddus gyntaf yn 1783. Ddwy flynedd yn ddiweddarach,

fathodd y gair parasiwt, ystyr, 'yr hyn sy'n diogelu

yn erbyn gostyngiad. 'Yn 1802, croesi André-Jacques Garnerin y

Sianel ar falŵn hydrogen ac yn dangos

y balŵn a disgyniad parasiwt yn Llundain.

Pwyleg balloonist aer poeth Jordaki Puparento oedd y cyntaf

i gael ei arbed drwy barasiwt ar ôl ei balŵn mynd ar dân

yn 1808. Yn 1837, daeth yn artist Saesneg Robert Cocking

y person cyntaf i farw yn dilyn damwain parasiwt. Yn 1887,

Balloonist ac awyrennau Americanaidd arloeswr Major Thomas

Ddyfeisiodd S. Baldwin harnais parasiwt cyntaf.

Ym 1911, gwnaeth Grant Morton y naid parasiwt cyntaf

o awyren dros Traeth Fenis, California. Ym 1912,

Dangos dyfeisiwr Rwsia Gleb Kotelnikov y

brecio, neu parasiwt drogue trwy arafu a Russo-

Automobile Balt a oedd yn teithio ar gyflymder uchaf. Mae hefyd yn datblygu y parasiwt cefn gyntaf.

Greu Stefan Banič y parasiwt milwrol cyntaf yn

1914, a oedd yn helpu i arbed llawer o hedfan Unol Daleithiau Llu Awyr

yn ystod y Rhyfel Byd Cyntaf I. Thomas Orde-Lees, a elwir yn y

Mad Mawr, dangos y gallai parasiwtiau gael eu defnyddio

llwyddiannus o uchder isel. Yn 1916, Solomon Lee Van

Ychwanegodd arddull backpack 's Mesurydd Jr Aviatory Bywyd Bwi yn hanfodol

mecanwaith-y cyflym-rhyddhau ripcord-caniatáu yn disgyn

hedfan i ehangu'r canopi dim ond ar ôl ei fod yn ddiogel. Mae pob

parasiwtiau modern yn cael ripcord.

Gan ddechrau gyda Eidal yn 1927, mae nifer o wledydd

arbrofi â defnyddio parasiwtiau i ollwng milwyr

tu ôl i linellau'r gelyn. Operation Market Garden, a gynhaliwyd

gan y Cynghreiriaid yn ystod yr Ail Ryfel Byd yn 1944, yn cael ei ystyried

y ymgyrch filwrol awyr fwyaf erioed.

Ym 1937, awyrennau Sofietaidd yn yr Arctig oedd y cyntaf i

defnyddio parasiwtiau llithren llusgo i ddarparu cefnogaeth ar gyfer polar

teithiau megis yr orsaf iâ drifftio chriw cyntaf

Gogledd Pole-1. Mae'r rhain yn caniatáu i awyrennau llithrenni gwaredu i dir

ddiogel ar floes iâ bach. Mae datblygu chwaraeon newydd

Dechreuodd parasiwtiau yn y 1960au cynnar. Erbyn diwedd y 1970au,

parafoils, sy'n edrych fel adenydd a gellir ei llywio fel

awyrennau, yn dod yn boblogaidd.

STREET lampau

Yr angen ar gyfer goleuo cyhoeddus yn dyddio'n ôl i hen

amser. Mae tua 50 CC, roedd y Rhufeiniaid yn defnyddio mawr

lampau olew metel gyda wic ffibrog a cronfa o

olew llysiau. Mae'r gair Lladin cyfeirir laternarius at

gaethweision yn gyfrifol ar gyfer goleuadau lampau hyn. Y dasg

parhau i gael ei pherfformio gan bobl arbennig yn ystod y

Oesoedd Canol pan hyn a elwir yn fechgyn cyswllt hebrwng pobl

drwy murky, troellog strydoedd.

Yn 1417, Syr Henry Barton, Maer Llundain, ac urddwyd ef

'Llusernau gyda goleuadau i gael eu crogi ar y gaeaf

nosweithiau rhwng Hallowtide a Candlemasse, 'hy,

rhwng 1 Tachwedd a 2. Erbyn 1716, yr holl dai yn Lloegr

wynebu stryd neu lôn oedd yn ofynnol i hongian allan un neu

mwy o oleuadau 6:00-11:00 neu wyneb dirwyon.

Mae'r lampau stryd cynharaf llosgi nwy-eu hadeiladu yn y

Arabaidd Ymerodraeth, yn enwedig yn Córdoba, Sbaen, tua 1000

OC. Hwn oedd y peiriannydd a dyfeisydd William Alban

Murdoch a ddyluniodd gaslights ymarferol yn y lle cyntaf

1790au cynnar. I ddechrau, lampau hyn ond yn defnyddio nwy glo. Yn

1802, a gynhaliwyd Murdoch arddangosfa gyhoeddus o oleuadau nwy sy'n synnu ac yn awed y boblogaeth leol. Ond

Oedd dyfeisiwr Almaeneg a busnes Friedrich Albrecht Winzer y person cyntaf i patent goleuadau glo-nwy

yn 1804. Yn 1807, roedd gosod gaslights ar Pall Llundain

Mall. Ar ôl hynny, goleuadau nwy lledaenu'n gyflym ar draws y

byd diwydiannol.

Yn 1857, peirianwyr Ffrangeg Lacassagne a Thiers gosod

goleuadau trydan ar La Rue Impériale yn Lyons, Ffrainc,

a ddaeth yn y stryd cyntaf i gael ei goleuo gan parhaol

gosod trydanol. Arc trydan goleuadau stryd cynnar a ddefnyddiwyd

lampau, a oedd wedi ei ddyfeisio gan fferyllydd Prydeinig Syr

Humphry Davy yn gynnar yn y 19eg ganrif. Lampau o'r fath yn

ennill Paris ei 'City of Lights' llysenw.

Ond nid oedd hyn yn golygu diwedd y gaslights. Yn 1885,

Gwyddonydd Awstria a dyfeisydd Carl Auer von Welsbach

patent y fantell nwy. Mae'n cynhyrchu yn llachar dwys

ysgafn ac roedd yn boblogaidd am sawl degawd.

Goleuadau arc pasio allan o ddefnydd ar gyfer goleuadau stryd yn y

diwedd y 19eg ganrif. Cawsant eu disodli gan rhad,

bylbiau golau gwynias dibynadwy, a llachar, a oedd yn

dominyddu goleuadau stryd am flynyddoedd lawer. Mae'r highpressure

sodiwm (HPS) lamp anwedd yn drech heddiw

oherwydd ei fod yn ynni-effeithlon ac yn rhan fwyaf o liwiau arddangos i fyny

yn dda ynddo. Mae'r rhain yn lampau gweithredu pan fydd cerrynt trydanol

yn mynd trwy nwy ïoneiddio (plasma) o atomau sodiwm

i gynhyrchu golau.

Siacedi LIFE

Siacedi bywyd yn cael eu elwir hefyd yn dyfeisiau arnofio personol

(PFDs), preservers bywyd, Wests our, festiau bywyd, achubwyr bywyd,

siacedi corc, cymhorthion hynofedd, a siwtiau arnofio. Y mwyaf

siacedi bywyd hynafol yn cael eu gwneud o groen anifail chwyddo

pledrennau neu'n wag, selio gourds.

Mae tua 870 CC, byddin Asyria Brenin Ashurnasirpal a ddefnyddir

crwyn anifeiliaid chwyddadwy i groesi ffos. Mae'r digwyddiad yn

ddogfennu mewn cerfio carreg sydd bellach i'w gweld yn y

Amgueddfa Brydeinig, Llundain. Sais o'r enw Dr John

Patent Wilkinson siaced bywyd corc ym 1765. Yn ei lyfr

dwyn y teitl Cadwraeth y Morwyr o Llongddrylliad, Afiechydon, a

Arall calamities Digwyddiad i Forwyr, disgrifiodd Wilkinson

manteision ei preservers fywyd corc. Ond PFDs o'r fath yn

Nid yw rhoi i forwyr llynges tan yn gynnar yn y 19eg ganrif.

Mae'r penderfyniad difrifol cyntaf i gynhyrchu siacedi bywyd yn

maint ei wneud yn 1851 ar ôl marwolaeth 20 allan o

24 cynlluniau peilot ar y Tyne afon yn y DU pan fydd eu cwch

troi drosodd. Yn dilyn y drasiedi, Capten John Ross

Ward, arolygydd Sefydliad Badau Achub Cenedlaethol Brenhinol

yn y Deyrnas Unedig, a gynlluniwyd bywyd modern cyntaf

siaced. Ei gynllun yn llawn o corc ac roedd £ 24

o hynofedd. Y dyluniad mor boblogaidd ei fod yn aros yn y gwasanaeth hyd yn oed ar ôl yr Ail Ryfel Byd II, cyfan ganrif yn ddiweddarach!

Yn 1852, daeth yr Ûnol Daleithiau y wlad gyntaf i fynnu bywyd

siacedi ar gyfer pob teithiwr ar fwrdd llongau masnachol.

Mae gwledydd eraill yr un peth erbyn y 1890au. Celloedd dal dŵr

llenwi â kapok, y gwallt hadau blewog y goeden Bombax,

disodli deunydd corc yn y pen draw yn y siacedi bywyd gwreiddiol.

Deunydd bywiog arall a ddefnyddir yn bren balsa. Amrywiol

ewynnau synthetig bellach wedi disodli deunyddiau hyn.

Mae'r holl siacedi bywyd cynnar yn naturiol fywiog ac nid oedd

angen chwyddiant. Yn 1928, Americanaidd Peter Markus Kansas

City, Missouri, dyfeisiodd y geidwad bywyd chwyddadwy cyntaf,

adwaenir yn gyffredin fel y Gorllewin er mwyn cysylltu â. Roedd yn boblogaidd gyda

Cysylltiedig awyrenwyr yn ystod yr Ail Ryfel Byd. Cawsant eu cyhoeddi

Wests our fel rhan o'u offer hedfan.

Mae problem ddifrifol gyda dyluniadau siaced bywyd cynnar oedd bod

nad oeddent yn hunan-Cywiro'r. Yn aml iawn, pobl yn gwisgo

fyddai'n eu cwympo, wyneb y tir i lawr, ac os oeddent yn

anymwybodol, foddi. Ymchwil i wella dyluniad yn

gynhaliwyd yn y DU gan yr Athro Edgar A. Pask ac arweiniodd

i'r Morlys 1952 batrwm 5580 chwyddadwy, hunan-Cywiro'r

siaced-bywyd rhyfeddod o symlrwydd dylunio, perfformiad,

a gwydnwch. Mae'r cynllun wedi cael ei efelychu ledled y

byd ac mae hyd yn oed nawr yn y gwasanaeth.

DŴR POTEL

Dŵr dŵr a ffynnon mwynau yn wreiddiol oedd y rhai mwyaf

mathau poblogaidd o ddŵr potel. Mae llawer o bobl yn credu bod

Roedd dŵr mwynol effeithiau meddyginiaethol a bod y dŵr ffynnon

yn arbennig o pur oherwydd ei fod wedi dim ond dod i'r amlwg o'r

tir ac nad oedd wedi cael eu defnyddio. Mae llawer o ffynhonnau enwog hefyd

cynhyrchu yn naturiol carbonedig, pop, dŵr megis Vichy

Catalaneg, Ferrarelle, Wattwiller, Apollinaris, a Perrier. Mae'r

tref Almaeneg de-orllewin o Niederselters, sy'n cynnwys un

o'r fath yn y gwanwyn, yw'r un enw ar gyfer Selters Dŵr neu Seltzer.

Hwn oedd y Ffrangeg a geisiodd gyntaf i fanteisio fasnachol

ffynonellau dŵr naturiol gyda Evian, a enwyd ar ôl y dref

o Evian-les-Bains. Mae bath thermol Agorwyd cyfagos

1821, yn y gwanwyn Cachat ger Llyn Genefa. Gwerthu y

Dechreuodd dŵr ei hun ym 1829 a chafodd ei becynnu i ddechrau yn

cynwysyddion llestri pridd. Johann Jacob Schweppe, a

datblygu proses i gynhyrchu mwynau carbonedig

dŵr, a sefydlwyd y cwmni Saesneg diod Schweppes

yn Genefa. Schweppes oedd y cyntaf i gyflwyno potel

dŵr yn Ewrop a defnyddio'r Arddangosfa Fawr 1851

yn Llundain fel cyfle marchnata unigryw iawn. Mae'r

Daeth dŵr bod y cwmni potel o'r enwog

Gwanwyn Malvern yn Lloegr. Yn 1845, roedd y teulu Ricker Maine dechreuodd botel a gwerthu

dŵr o ffynhonnell anhysbys. Eu gweithrediad bach

Tyfodd yn gyflym gan eu bod yn manteisio ar y gwanwyn yn fod

eiddo meddyginiaethol ac yn y diwedd daeth yn enwog

Cwmni dŵr Springs Gwlad Pwyl, sy'n dal i fodoli.

Er gorymdeithio i Rufain yn 218 CC, Hannibal wedi defnyddio'r

Perrier gwanwyn yn ne Ffrainc. Ym 1888, y Ffrancwyr

Ymerawdwr Napoleon III gwerthu yr hawl ar y gwanwyn i Dr

Louis Perrier a ffermwr lleol. Mae'r syniad o farchnata'r

dŵr yn naturiol carbonedig ffynnon oedd y syniad

Saesneg aristocrat St John Harmsworth. Prynodd

y gwanwyn gan Dr Perrier a hefyd enwi'r gorffenedig

cynnyrch ar ei ôl ef i roi ymdeimlad o awdurdod meddygol.

Nid oedd llawer o dwf yn y dŵr potel naturiol

diwydiant yn ystod rhan gyntaf yr 20fed ganrif. Mae'r

ffurfio cwmnïau potelu eu grŵp lobïo eu hunain yn

1950 er mwyn hyrwyddo eu cynnyrch, ond tyfodd gwerthiannau iawn

yn araf ar y dechrau. Unwaith eto cymerodd Evian y blaen yn y 1950au gan

werthu ei dŵr gyda'r cais pwerus, 'i gynorthwyo llaetha

mamau a [rhowch] mwynau pwysig ar gyfer babanod '.

Ers hynny mae'r dirwedd dŵr potel wedi ehangu

aruthrol. Erbyn hyn mae cannoedd o gwmnïau

a miloedd o enwau brand o ddŵr potel ac mae eu

gwerthu ledled y byd mewn biliynau o ddoleri.

CARDIAU POST

Mae'r cerdyn post llun cynharaf yn llaw-beintio

dylunio ar gerdyn. Roedd yn gwawdlun o weithwyr yn y post

Roedd swyddfa a phostio yn Llundain gan yr awdur, cyfansoddwr

ac yn adnabyddus joker ymarferol, Theodore Hook, yn 1840,

dwyn stamp du ceiniog.

Yr oedd yn 1861 bod John P. Charlton o Philadelphia,

UDA, a gynlluniwyd y cerdyn a gynhyrchwyd yn fasnachol gyntaf.

Roedd patent ei dyluniad ond gwerthu yr hawl ar Hymen L.

Lipman, a ailenwyd ei Lipman yn Cerdyn Post. Mae'r cerdyn

ei werthu gyda border wedi'i addurno. Fodd bynnag, ar Fai

13, 1873, mae'r llywodraeth yr Unol Daleithiau yn gwahardd a gyhoeddwyd yn breifat

cardiau post. Cyflwynodd Postfeistr John Creswell y

cardiau post ceiniog cyntaf swyddogol cyn-stampio yn ddiweddarach y flwyddyn honno.

Y syniad ar gyfer y cerdyn post a ddosbarthwyd yn swyddogol yn Ewrop

ei gredydu i'r swyddogol post Almaeneg Dr Heinrich

von Stephan yn 1865. Ond ofni colli refeniw post,

nad oedd y cynllun ei ddienyddio yng Ngogledd yr Almaen tan fis Gorffennaf

1870. Awgrymodd Dr Emanuel Herrmann syniad tebyg

i lywodraeth Awstria-Hwngari. Roedd hyn yn gyflym

gymeradwyo ac y cerdyn cyntaf ei gyhoeddi ar Hydref

1af, 1869. Nghwmni gyda stamp imprinted, mae hyn yn

cerdyn post y llywodraeth o'r enw ef yn Corresponendz

Karte neu Gerdyn Gohebiaeth. Mae'r cerdyn post llun printiedig a elwir yn gyntaf, gyda delwedd

ar un ochr, ei greu yn Ffrainc ym 1870. Roedd

dim lle ar gyfer stampiau a dim tystiolaeth eu bod yn

postio erioed heb amlen. Hysbysebu gyntaf

Ymddangosodd cerdyn yn 1872 ym Mhrydain Fawr. Mae'r Universal

Sefydlwyd Undeb post a ffurfiwyd yr un flwyddyn ac yn disodli

cytundebau unigol rhwng cenhedloedd gyda set derbyn

rheoliadau cyson llywodraethu post rhyngwladol.

Mae'r cytundeb yn caniatáu cardiau post a ddosbarthwyd gan y llywodraeth

cael eu hanfon yn rhyngwladol o ddechrau 1875.

Cardiau dangos delweddau cynyddu mewn nifer yn ystod y

1880au. Delweddau o'r Twr Eiffel newydd ei adeiladu yn 1889 a

Rhoddodd 1890 hwb i'r cerdyn post, gan arwain at yr hyn a elwir

oes aur y cerdyn post llun yn y blynyddoedd yn dilyn y

canol 1890au. Ym mis Gorffennaf 1879, mae Swyddfa'r Post o India cyflwyno

cerdyn post 1/4 anna. Dilynwyd hyn gan gardiau post sy'n

oedd i fod yn benodol ar gyfer defnydd y llywodraeth ym mis Ebrill 1880

a chan cardiau post ateb yn 1890. Cardiau post yn dal i fod

boblogaidd yn yr India a thramor.

Oeddech chi'n gwybod?

Yr astudiaeth a chasglu o gardiau post a elwir deltiology.

Credir i fod yn hobi collectible trydydd mwyaf yn y

byd, rhagori yn unig gan ddarn arian a chasglu stamp.

Weiren bigog

Ffensys sy'n cynnwys o wifren fflat a thenau ei chyflwyno gyntaf

yn 1860 yn Ffrainc gan Leonce Eugene Grassin-Baledans.

Ei gynllun wedi bristling pwyntiau creu ffens sy'n

yn boenus i'w croesi. Mae nifer o patentau dilyn, ond

yr un o'r gwifrau hyn erioed eu cynhyrchu yn fasnachol.

Yn 1868, a enwyd ar gof Michael Kelly o New

Roedd Efrog rhoddwyd patent ar gyfer ffensio yn benodol ar gyfer

atal anifeiliaid. Ffensys gwifren cyntaf yn cynnwys yn unig

o un llinyn o wifren, a oedd yn aml yn torri gan

pwysau'r gwartheg pwyso yn ei erbyn. Gwneud Kelly

gwelliant sylweddol drwy troellog dau gwifrau gyda'i gilydd.

A elwir yn y ffens pigog, dylunio dwbl-faes Kelly

oedd y weiren bigog llwyddiannus cyntaf.

Joseph F. Glidden, ffermwr Americanaidd, yn aml gredydu

am gynllunio'r bigog llwyddiannus yn fasnachol gyntaf

gwifren. Daeth syniad Glidden oddi arddangosfa mewn ffair yn

DeKalb, Illinois, yn 1873. Yno gwelodd ffens bren

gyda allwthiadau gwifren a gynlluniwyd i atal gwartheg. Legend

yn datgan bod gwraig Glidden yn Lucinda annog i

amgáu ei gardd gyda ei syniad. Yna Enillodd nifer o

brwydrau llys dros yr hawl ar ei ddyfais, syml

BARB gwifren cloi ar gwifren dwbl-faes, felly daeth i

yn cael ei adnabod fel yr enillydd. Glidden a phartner sefydlodd y Ffens BARB

Cwmni mewn DeKalb i gynhyrchu Enillydd. Maent yn

dyfeisio dull ar gyfer cloi'r adfachau ar waith ac mae'r

peiriannau i màs-gynhyrchu. Erbyn adeg ei farwolaeth,

Glidden yn un o'r dynion cyfoethocaf yn America. Heddiw mae ei

dylunio parhau i fod y dull mwyaf cyfarwydd o weiren bigog.

Y prif newidiadau sydd wedi eu gwneud i weiren bigog

ers y 1870au wedi bod i leihau anafiadau trwy gynyddu

gwelededd. Er enghraifft, Jacob a Warren Brinkerhoff

cyflwyno gwifrau dirdro a fflat yn 1879 a 1881. Mae'r

America Steel and Wire Cwmni yn y pen draw daeth yn

y gwneuthurwr dominyddol. Maent yn rheoli pob agwedd ar

o gynhyrchu o gynhyrchu'r rhodenni dur i wneud

llawer o wahanol gwifren a chynhyrchion ewinedd ohono.

Gwifren bigog wedi cael effeithiau cymdeithasol ac economaidd pwysig,

yn enwedig yn y Gorllewin America. Roedd yn caniatáu ranchers i

amgáu eu tir ac yn cyfyngu buchesi buarth gynt

gwartheg. Mae hefyd yn effeithio ddifrifol ar fywoliaeth Brodorol

Americanwyr a rhoddodd y llysenw mournful Diafol

rhaff. Gwifren bigog hefyd wedi gweld defnydd helaeth mewn rhyfel,

gan ddechrau gyda'r Sbaeneg-Americanaidd Rhyfel yn 1898. Yn

Rhyfel Byd Cyntaf, y tanc fel yr ydym yn gwybod ei fod ei ddyfeisio i

dorri drwy amddiffynfeydd weiren bigog.

Cotiau glaw

Llwythau brodorol Americanaidd yn y basn Amazon wedi bod yn

defnyddio i wneud dillad gwrth-ddŵr sudd o'r goeden rwber

am gannoedd o flynyddoedd. Defnyddiodd y Tseiniaidd hynafol llawer

deunyddiau ar gyfer gwneud capes glaw sy'n dal dŵr, megis gwellt,

hesgen, a silvergrass Tseineaidd. Erbyn dechrau'r

Brenhinllin Ming (1368 - 1644), cotiau olew cywrain yn cael eu defnyddio.

Cafodd y rhain eu gwneud o ffabrigau fel sidan cyffredin ond a gawsant

gydag olew melyn (olew Tung) i wrthsefyll dŵr.

Defnyddio botanegwr Ffrengig François Fresneau rwber ar gyfer

diddosi ffabrig ar ôl gweld Americanwyr Brodorol yn

Giana Ffrengig yn gwneud yr un peth. Yn 1763, disgrifiodd

sut yr oedd wedi ei baratoi brethyn gwrth-ddŵr trwy ddipio mewn

atebion o rwber gyda turpentine fel toddydd. Yr Alban

cynnal meddyg John Syme arbrofion tebyg yn 1821.

Mae'r cot law cyntaf, fodd bynnag, nid oedd yn defnyddio rwber. Gwnaed gan G.

Fox Llundain yn 1821, roedd yn enw Dyfrol Fox a chan ddefnyddio

Gambroon, math o liain.

Ymdrechion cynnar yn defnyddio rwber wedi bod yn aflwyddiannus

oherwydd bod y caledwch o rwber naturiol yn amrywio gyda

tymheredd. Roedd hyn yn gwneud y dillad yn anodd i'w gwisgo. Yr Alban

dod o hyd i fferyllydd Charles Macintosh yr ateb yn 1823.

Proses Macintosh wedi cynnwys sandwiching haen o rwber mowldio rhwng dwy haen o ffabrig a oedd

cael eu brwsio gyda rwber hydoddi mewn nafftha. Ei gyntaf

cwsmer yn y fyddin Brydeinig. Yn wir, cotiau glaw yn dal i fod

Gelwir Mackintoshes neu Macs yn y DU.

Ym 1839, datblygodd Americanaidd Charles Goodyear fylcaneiddio rwber, sy'n fwy elastig ac yn haws i llwydni. Saesneg defnyddio gwneuthurwr Thomas Hancock y rwber fylcaneiddio i wella'r cot law Mackintosh yn 1843. America Cyflwynodd cwmnïau y broses llathrwasgu yn 1849 lle brethyn Macintosh yn ei basio rhwng wresogi rholeri i'w wneud yn fwy hyblyg ac yn dal dŵr.

Yn ystod y Rhyfel Byd Cyntaf, dyfeisiwr Saesneg Thomas Burberry greodd y gôt ffos pob tywydd. Fe'i gwnaed o fath o gabardine cotwm a enwir sy'n Burberry dyfeisio ac yn ei brosesu yn gemegol i wrthsefyll glaw. Mae'r cotiau ffos eu gwneud yn wreiddiol ar gyfer milwyr, ond daeth yn boblogaidd gyda llawer o sifiliaid ar ôl 1918.

Ffabrigau trin olew, fel arfer cotwm a sidan, daeth poblogaidd yn y 1920au. Er enghraifft, oilskin ei wneud gan brwsio olew had llin ar ffabrig, a wnaeth y gwrthyrru brethyn dŵr. Cotiau glaw gwneud o finyl, neilon a phlastig daeth poblogaidd ar ôl yr Ail Ryfel Byd. Cotiau glaw modern yn cael eu gwneud o amrywiaeth o ddeunyddiau uwch-dechnoleg fel Gore-Tex a microffibr.

BEICIAU

Almaeneg Barwn von Drais Karl ddyfeisiodd y cyntaf ymarferol beic yn 1817 . Drais ' draisienne , velocipede , neu hobbyhorse yn ddyfais a dwy - olwyn heb pedalau . y marchog yrrir iddo gan wthio ei draed yn erbyn y ddaear.

Velocipede Drais ' ysbrydoli gweithiwr metel Ffrangeg (naill ai Ernest Michaud neu Pierre Lallement) i ychwanegu cranciau cylchdro a pedalau i'r both blaen - olwyn tua 1863 , gan greu

y beic a weithredir - pedal modern cyntaf . Ym 1868 , Michaux

a daeth Cwmni y cynhyrchydd torfol cyntaf o feiciau .

Mae eu fframiau anhyblyg ac olwynion - rhesog haearn rhoi iddynt y

boneshakers llysenw disgrifiadol. gwelliannau diweddarach

yn cynnwys teiars rwber solet a Bearings bêl.

Eugene Meyer yn Ffrainc a James Starley yn Lloegr

ddyfeisiodd y uchel - beic , cyffredin , neu ceiniog - ffyrling

tua'r flwyddyn 1870 . Roedd ganddi olwyn flaen fawr a deithiodd

ymhellach gyda phob cylchdroi y pedalau . Ordinaries yn

gyflym ond yn anniogel iawn . Serch hynny , Sais Thomas

Stevens yn marchogaeth un o gwmpas y byd rhwng 1884 a 1886 .

Yn 1885 , John Kemp Starley cynhyrchu'r llwyddiannus cyntaf

beic diogelwch, Rover . Roedd yn cynnwys olwyn flaen steerable ,

olwynion yr un mor o faint , ac ymgyrch cadwyn ar yr olwyn gefn . Erbyn 1890 , roedd wedi disodli'r uchel - olwyn yn gyfan gwbl.

Yn y cyfamser , yn 1888 , a enwyd ar milfeddyg Gwyddelig John

Roedd Dunlop ddyfeisiodd y , teiars rwber niwmatig llawn aer i

gwneud beic tair olwyn ei fab ifanc gyfforddus . Cafodd ei fabwysiadu

ar gyfer y beic diogelwch, gan ei gwneud yn ysgafnach ac yn llyfn .

Erbyn dechrau'r 20fed ganrif , clybiau beicio yn

lobïo am well ffyrdd , yn llythrennol gan baratoi'r ffordd ar gyfer y

Automobile . Dechreuodd Adolph Schoeninger yr Olwyn Gorllewin

Gwaith yn Chicago lle bu'n arloesi gynhyrchu màs

dulliau ar gyfer ei beiciau Crescent a gostwng yn ddramatig

prisiau ac yn ddiweddarach ysbrydoli Henry Ford . Y beic diogelwch

menywod rhyddhau oddi wrth y cartref a chyfyngol

ffrogiau . Dywedodd enwog Susan ffeministaidd B. Anthony , 'Rwy'n meddwl

[beicio] wedi gwneud mwy i emancipate fenywod na

unrhyw beth arall yn y byd . ' Frances Willard , wellknown arall

ffeministaidd , dywedodd 'Ni fyddwn yn gwastraffu fy mywyd mewn ffrithiant

pan allai gael ei droi i mewn i momentwm . ' Yn 1895 , Annie

Daeth Londonderry y ferch gyntaf i beic o gwmpas

y byd .

Mae'r derailleur (offer shifter) a geir yn y rhan fwyaf modern

beiciau ei ddatblygu yn Ffrainc rhwng 1900 a 1910.

Gyda symudydd gerau electronig a golau, erodynamig

fframiau a wneir o ffibr carbon , beiciau heddiw yn iawn

soffistigedig ac yn fwy poblogaidd nag erioed o'r blaen .

GWNEUTHURWYR ICE- HUFEN

Mae nifer o gystadleuwyr ar gyfer dyfodiad y cynnar

gwneuthurwr iâ - hufen , o'r ymerawdwr Nero Rufeinig enwog

i'r Tseiniaidd sy'n honni bod Marco Polo benthyg eu

ryseitiau a chyflwyno i'r Ewropeaid . Mae yna hefyd

nifer o gyfrifon o bwdinau wedi'u gwneud o ffrwythau cymysg

gyda eira yn Lladin a Llenyddiaeth Groeg hynafol.

Llawer o wahanol bobl wedi cael eu credydu gyda'r ddyfais

y gwneuthurwr iâ - hufen modern cyntaf . Mae llawer o haneswyr yn cytuno

bod yn 1843 , daeth America Nancy M. Johnson o hyd i

dylunio ar gyfer gwneuthurwr iâ - hufen llaw cranked .

Mae ei syniad yn seiliedig ar wybodaeth ymarferol. Roedd yn cynnwys

gan ddefnyddio dau caniau, un yn llai na'r llall , fel bod y gallai un cyntaf gael ei roi y tu mewn i'r ail tun . po fwyaf

Gall gael ei llenwi â halen a rhew . Mae'r can llai ei llenwi

gyda chymysgedd o laeth , blas , a siwgr . Mae crank gyda

cymysgu padlo ei osod y tu mewn i'r gymysgedd o laeth a

blas i helpu i corddi y cynhwysion . Mae'r halen helpu

i sefydlogi'r rhew gan fod y cymysgedd ei gorddi yn gyson,

droi i mewn i cysondeb hufennog llyfn. Mae'r broses hon yn

helpu i dorri i lawr ar iâ - hufen amser cynhyrchu , ond

Nid oedd johnson ddal gafael ar ei patent . Mae hi'n cael $ 200 ar gyfer

ei ddyfais oddi wrth William Young, a enwodd ei Johnson Patent iâ - hufen Rhewgell .

Mae rhai hefyd yn honni bod Augustus Jackson , prif gogydd yn y Gwyn

House yn Washington DC , dyfeisiodd y cyntaf iâ - hufen

gwneuthurwr yn 1832 . Credir bod Jackson gwasanaethu hufen ia egsotig

blasau fel phwdinau mewn ciniawau wladwriaeth White House

ar gyfer gwesteion yn Gyntaf Lady Dolley Madison yn . Roedd yn arbrofi

gyda'r broses o wneud hufen iâ , yn ceisio gwneud yn llai

llafurus , ac a ddaeth i fyny gyda thymheredd a reolir,

system sy'n seiliedig ar - padlo oedd yn defnyddio iâ a halen. helpodd hyn

i chwyldroi'r ffordd iâ - hufen cael ei wneud yn y Gwyn

Tŷ, ond doedd ganddo ddim amser i patent ei syniad .

Mae llawer o bobl wedi cyfrannu at ddatblygiad y hufen ia

gwneuthurwyr ers hynny . Rhai cyfraniadau nodedig

cynnwys rhewgell , dim ond ar gyfer rhewi iâ , a ddatblygwyd gan

Agness B. Marshall Llundain . Gallai rhewi peint o iâ

mewn llai na phum munud. Affricanaidd -Americanaidd dyfeisiwr Alfred

L. Cralle cael y clod am ddyfeisio'r Wyddgrug Hufen Iâ

a Disher yn 1897. Mae ei dyfais helpu i gadw hufen iâ

oddi ar y waliau y cynhwysydd ac yn hawdd i weithredu .

American Jacob Fussell fyrfyfyr ar hufen ia Johnson

Rhewgell ac adeiledig y cyntaf llwyddiannus yn fasnachol

planhigion iâ - hufen ym 1909 oedd yn cynhyrchu 30 miliwn galwyn

o iâ - hufen bob blwyddyn.

GWNEUTHURWYR COFFI

Mae hanes y gwneuthurwr coffi , fel nifer o ddyfeisiadau ,

Mae sawl llinyn . Gall ei gwreiddiau yn cael ei olrhain yn ôl i'r

Ynysoedd Turks , ac yn gwybod eu bod wedi fragu coffi mawr fel

gynnar â 575 OC. Beth ddigwyddodd rhwng hynny a'r

Nid yw dechrau'r 19eg ganrif yn glir iawn. Fodd bynnag , mae cyflymder

datblygiad carlam unwaith y bydd y coffi modern cyntaf

percolator ei ddyfeisio tua 1818.

Gall y tarddiad y gwneuthurwr coffi modern cyntaf yn cael ei olrhain

yn ôl i Ffrainc . Mae dyfais a elwir yn Biggin , - lefel dau yn

pot coffi y mae dŵr yn cael ei arllwys i mewn i'r uchaf

siambr i ddraenio drwy perforations yn rhan isaf

siambr ac i mewn i pot coffi , yn ôl pob tebyg y diferyn cyntaf

gwneuthurwr coffi . Ar yr un pryd dyfeisiwr Ffrangeg arall

feddyliodd am y percolator bwmpio . Mae hyn yn coffi

gwneuthurwr gorfodi ddŵr berwedig yn yr adran isaf

i symud i fyny tiwb , ac yna diferu drwy dir

ffa coffi yn ôl i mewn i'r adran is. Tan

y 1950au , yn cael eu ffafrio percolators bwmpio o'r fath

gan lawer o Homemakers , cowbois , a arloeswyr yn y

Yr Unol Daleithiau. Yn 1840 , roedd y Peiriant llwch Napier oedd

cyflwyno. Er bod y bragwr hwn yn gymhleth i'w weithredu , mae'n

allai wneud pot glir o goffi - rhywbeth y mae pob

gwobrau gariad coffi . Mae'r bragwr gwactod defnyddio gwres i ferwi dŵr mewn adran is, a fyddai'n ehangu

ac yn cael eu gorfodi i symud i fyny drwy diwb cul i

yn adran uchaf a oedd yn cynnwys coffi ddaear.

Unwaith y bydd y coffi wedi cael ei fragu â boddhad , y gwres

yn cael ei dirwyn i ben . Mae'r gwactod a grëwyd o ganlyniad i

byddai hyn yn helpu i dynnu coffi bragu yn ôl i'r

is siambr drwy hidlydd . Coffi llwch Napier

gwneuthurwyr yn dal yn boblogaidd heddiw .

James Nason Massachusetts , UDA , yn cael ei gredydu â

dylunio o percolator goffi yn gynnar yn 1865 , ond yr oedd yn

Americanaidd arall o'r enw Hanson Goodrich a ddyfeisiodd

y percolator stôf - top modern. Derbyniodd patent

ar gyfer ei ddyfais ar Awst 16, 1889 . Mae ei ddyluniad yn iawn

tebyg i'r rhai sy'n cael eu gwerthu heddiw . Fersiynau trydan o

y percolator stôf - top yn cael eu datblygu yn y 1800au hwyr .

Mae defnyddwyr yn eu caru , gan ei fod yn eu galluogi i fragu pot

ar ôl pot o goffi heb orfod delio gyda stôf .

Mae'r ddyfais Mr Coffi, mae'r fasnachol cyntaf

gwneuthurwr coffi awtomatig - diferu llwyddiannus, yn 1972 ,

chwyldroi'r ffordd y coffi yn cael ei fragu . Ei fod mor boblogaidd

gyda defnyddwyr y percolators bron daeth yn diflannu .

Hyd yn oed heddiw , mae'r rhan fwyaf gwneuthurwyr coffi diferu yn syml amrywiadau

o'r cynllun Mr Coffi .

cymysgwyr

Yn 1919 , Stephen J. Poplawski , perchennog y Stevens

Cwmni trydan , o dan gytundeb gyda'r Arnold

Cwmni trydan ar gyfer dylunio yfed a chymysgwyr . Yn ystod

y cyfnod hwn , efe a ddaeth i fyny gyda dylunio arloesol , sy'n

yn cael ei ddefnyddio i ddechrau i gymysgu Horlicks llaeth brag ysgwyd yn

ffynhonnau soda . Yn 1922 , cafodd batent ar ei gyfer. Mae hefyd yn

feddyliodd am y cynllun ar gyfer cymysgydd liquefier o gwmpas

yr un pryd ei ddiod - cymysgydd newydd.

Yn y 1930au , a grëwyd Americanaidd Fred Osius math newydd

o cymysgydd drwy wella ar ddyluniad Poplawski yn . Roedd

cysylltu cerddor poblogaidd , Fred Waring , i ariannu

a hyrwyddo ei gynllun , y Miracle cymysgu, yn 1933 . Fred

Waring hailgynllunio drwy wella dyluniad echelin gyllell

a selio jar a'i ryddhau ei fersiwn ef - yr hun Waring

Blendor , yn 1937 . Mae'n fuan daeth yn arf anhepgor mewn

ysbytai a chlinigau ar gyfer paratoi bwydydd diet penodol ac

gymorth mawr mewn ymchwil gwyddonol sylfaenol . Dr Jonas Salk

ei ddefnyddio ar gyfer datblygu un o'r llwyddiant meddygol mawr

straeon y - ganrif brechlyn polio 20fed cyntaf llafar .

Ym 1937 , cyflwynodd WG Barnard o Vitamix math newydd

o cymysgydd a elwir hefyd yn Blender oedd yn defnyddio di-staen

jar dur yn hytrach na'r gwydr Pyrex a ddefnyddir mewn jar cymysgydd Waring . Ym 1946 , John Oster o'r Oster Barber Offer

Cwmni prynu Stevens cwmni Electric Poplawski yn

a dechreuodd gynllunio ei cymysgydd ei hun, yr Osterizer ,

sydd yn ei dro ei gaffael gan Products Sunbeam yn 1960 .

Cymysgwyr Osterizer traddodiadol yn cael eu gwerthu hyd heddiw .

Tua'r un pryd, dyfeiswyr yn Ewrop a Brasil

yn dod i fyny gyda eu amrywiadau eu hunain o'r cymysgydd . Ym 1943 ,

Traugott Oertli , i wladolyn o'r Swistir , a gynlluniwyd gymysgydd , y

Turmix Standmixer , yn seiliedig ar y dyluniad Waring Blendor .

Hefyd daeth Oertli o hyd i offer , y juicer Turmix ,

gallu echdynnu sudd o lysiau a ffrwythau .

Dechreuodd werthu hyn fel affeithiwr gyda'i Turmix

cymysgydd. Ym 1944 , Brasil Waldemar Clemente , perchennog

y Walita Offer Electric Company , daeth i fyny

gyda'r Walita niwtron Blender yn seiliedig ar y Turmix

Standmixer . CLEMENTE hefyd yn cael ei gredydu â dod i fyny

gyda liquidificador , gair sydd hyd yn oed heddiw yn sefyll am

Blender ym Mrasil . Caffael Waldemar Clemente y

patentau i Turmix peiriannau lladd a juicers ym Mrasil ac a ddefnyddiwyd

Strategaeth farchnata Ewropeaidd Turmix i werthu mwy na

miliwn o peiriannau lladd erbyn y 1950au cynnar. Ar yr un pryd ,

Dechreuodd Walita gweithgynhyrchu peiriannau lladd ar gyfer Philips , Sears ,

Siemens , Turmix , a llawer mwy o gwmnïau . Yn 1971,

Royal Philips Co caffael Walita , a ddaeth yn rhan

is-adran offer cegin Philips ' .

hidlenni TEA

Hidlenni te neu infusers yn cael eu defnyddio i ddal dail te rhydd

tra dywallt allan de . Gall eu hanes yn cael ei olrhain yn ôl i

y Tseiniaidd a ddatblygodd hidlenni bambw i gael gwared

te gwlyb yn gadael o pot glai , mewn CC y 10fed ganrif. ond

nid tan y 17eg ganrif y de gwneud ei ffordd o

Llestri i mewn i ystafelloedd darlun o'r bonedd Prydain. gyda

Daeth ei mynediad i ddiwylliant Prydain dyfodiad y cyntaf

hidlenni te modern. Cafodd y rhain eu gwneud o arian sterling

(aloi sy'n cynnwys 92.5 y cant arian a 7.5 y cant

copr yn ôl màs) , a ddefnyddir yn bennaf gan yr uchaf yn Lloegr

dosbarthiadau. Nid oedd tan ddechrau'r 20fed ganrif y de

daeth yn diod poblogaidd yn y DU ac hidlenni te

Dechreuodd i fod masgynhyrchu . Erbyn hynny yr oedd Prydain

wneud gwahanol fathau o hidlenni - rhai yn ddigon mawr

i gyd-fynd tebot , mae eraill yn ddigon bach i ffitio i mewn i standardsized

cwpanau te .

Mae sawl math o hidlenni sydd ar gael heddiw ,

er eu bod i gyd yn cael eu bygwth gan y hollbresennol

bag te.

Mae hidlydd pyramid , sydd, fel yr awgryma'r enw yw

bera mewn siâp, yn cael ei wneud o rwyll . Dail te yn

mewnosod y tu mewn i'r pyramid ac yna trwytho mewn dŵr berwedig. Mae gwaelod y pyramid yn agor fel bod y a ddefnyddiwyd

Gall dail yn cael eu symud yn rhwydd .

Balls te yn sfferig o ran siâp ac yn gweithio ar yr un

egwyddor gan hidlenni te pyramid . Y gwahaniaeth yw bod

maent yn agor i fyny yn y ganolfan. Maent ar gael mewn gwahanol deunyddiau megis metel, rhwyll , a dur di-staen.

Hidlenni llwy edrych fel llwy gorchuddio wneud o fetel

gyda thyllau bach yn britho ei . Mae'r rhain yn llai fel arfer

na'r Ball Te a pyramid hidlenni ac nid ydynt yn wir yn

golygu ar gyfer bragu paned o de cryf .

Gefeiliau te yn cael dolenni hir sy'n agor y hidlydd ar y

gyferbyn yn dod i ben pan fydd gwasgu . Hidlenni neilon yn eistedd ar ben

cwpan de yn hytrach na cael eu trwytho y tu mewn. Te wedi'i thrwytho

mewn dŵr berw ac yna arllwys i mewn i gwpan drwy'r

hidlydd , sy'n atal y dail rhag syrthio i mewn i'r gwpan .

Hidlenni te -stick yn cael eu ffurfio fel peniau metel gyda thyllau

ynddynt . Rhaid iddynt gael eu boddi i mewn i gwpan o ddŵr poeth ,

gyda'r dail te osod y tu mewn .

Yn olaf, ond nid y lleiaf yw'r hidlydd newydd-deb , sy'n gweithio fel

unrhyw hidlydd arall ond mae ar gael mewn amrywiaeth o feintiau a

siapiau fel tedi bêrs , dinosoriaid , a chalonnau .

melysyddion artiffisial

Sugar o blwm neu arweinydd asetad oedd y siwgr cyntaf

rhodder , a ddefnyddir yn eang gan y Rhufeiniaid hynafol yn eu

gwinoedd a jamiau . Ond astudiaeth bellach yn dangos ei fod yn wenwynig .

Pobl enwog, fel Pab Clement II yn 1047 , hyd yn oed

Bu farw o wenwyn plwm asetad . Heddiw amnewidion chwe siwgr

yn gyffredin defnydd stevia , aspartame , swcralos ,

neotame , potasiwm acesulfame , a sacarin .

Stevia cael ei dynnu o ddail planhigion stevia ac mae

cael ei ddefnyddio fel melysydd naturiol yn Ne America am

canrifoedd . Nid yw'n achosi lefelau glwcos yn y gwaed i gynyddu

ar ôl bwyta (dim mynegai glycemic) ac mae ganddo sero galorïau .

Felly mae'n prysur ddod yn boblogaidd mewn llawer o wledydd .

Mae felysydd yn seiliedig stevia - truvia a enwir ei gymeradwyo yn

yr Unol Daleithiau yn 2008 .

Gwyddonydd Americanaidd James M. Schlatter yn y GD Searle

Cwmni darganfod aspartame ym 1965 . Yr oedd yn gweithio

ar gyffur gwrth - briw a gollwng yn ddamweiniol rhai

aspartame ar ei law . Yna llyfu ei bysedd a

sylwi blas melys . Yn wir , aspartame yn tua 200 gwaith

mor felys siwgr . Mae'n cael ei werthu fel Cyfartal, NutraSweet , a

Canderel . Nid yw'n addas iawn ar gyfer pobi gan ei fod yn torri

i lawr ac yn dod yn llai melys wrth gael eu gwresogi . Swcralos yn siwgr clorineiddio hynny yw tua 600 gwaith

mor felys fel siwgr arferol. Fe'i darganfuwyd yn ddamweiniol

yn 1976 gan ymchwilwyr Leslie Hough a Shashikant

Phadnis yn Queen Elizabeth College yn Llundain . un

Dywedodd ddydd Hough Phadnis i brofi siwgr clorineiddio

cyfansawdd. Camglywed Phadnis a meddwl bod Hough

wedi gofyn iddo flasu a dod o hyd y cyfansoddyn i fod yn

eithriadol o felys . Y cynnyrch yn gyflym boblogaidd

gan ei fod yn parhau i fod yn melys wrth gael eu gwresogi a gellid ei ddefnyddio

ar gyfer pobi a ffrio . Brandiau cyffredin o sucralose

cynnwys Splenda , Siwgr am ddim Natura , Sukrana , SucraPlus ,

a Nevella .

Roedd sacarin syntheseiddio yn 1879 gan fferyllwyr Ira Remsen

a Constantin Fahlberg ym Johns Hopkins University yn

Baltimore , Maryland . Darganfuwyd hefyd drwy ddamwain ,

reportedly , pan sylwodd Fahlberg blas melys ar ei

llaw un noson . Yn 1884 patent Fahlberg a enwir

y cyfansoddyn . Yn ddiweddarach, tyfodd gyfoethog gan ei darganfod,

ond byth yn cydnabod rôl Remsen yn ei . sacarin

ddaeth yn boblogaidd yn ystod y Rhyfel Byd Cyntaf , pan fydd

Roedd prinder siwgr . Mae'n 300-500 gwaith yn fwy melys na

siwgr , ond yn gadael aftertaste chwerw neu metelaidd . y mwyaf

brand Americanaidd poblogaidd saccharine heddiw yw Sweet ' N

Isel.

Llaeth Cyddwys

Llaeth cyddwys yw llaeth buwch lle dŵr wedi

cael eu dileu . Mae fel arfer yn cael ei felysu â siwgr ,

sy'n cynyddu ei oes silff trwy atal twf

o ficro-organebau .

Llaeth yfed roedd risg iechyd sylweddol cyn y

19eg ganrif . Yn syth llaeth o'r fuwch difetha o fewn

awr yn ystod yr haf ac afiechydon a achosir a elwir yn

y milksick , gwenwyn llaeth , y arafu , y trembles , ac mae'r

drwg llaeth. Er mwyn brwydro yn erbyn clefydau hyn , Ffrancwr Nicolas

Appert cywasgu llaeth am y tro cyntaf , yn 1820 .

Yn yr Unol Daleithiau , roedd yn ymddangos llaeth tew yn unig mewn

1853 , a gynhyrchwyd gan ffermwr llaeth o'r enw Gail Borden

Jr Yn 1852 , Borden yn dychwelyd , ar y môr , o daith i

Lloegr pan ddaeth y gwartheg yn dal y llong yn rhy

seasick i gael eu godro ac oherwydd hyn , yn fewnfudwr

Bu farw babanod. Roedd Borden difrodi gan y farwolaeth a

Dechreuodd ceisio cadw llaeth amrwd . Yn y pen draw roedd yn

a ysbrydolwyd gan y badell gwactod aerglos a ddefnyddir gan y Shakers ,

grŵp crefyddol , i gywasgu sudd ffrwythau , ac roedd yn gallu

i leihau llaeth heb crasboeth neu ceulo ei . ei gyntaf

llaeth cyddwys para tri diwrnod heb ddifetha . Roedd Borden rhoddwyd patent ar gyfer felysu , tew

Nid yw llaeth yn 1856 . Ond mae'r cynnyrch ei derbyn yn dda gan

cyhoedd a oedd yn cael eu defnyddio i laeth dyfrio - lawr , gyda

sialc ychwanegu ar gyfer gwynder a thriagl ar gyfer creaminess .

Maent yn cwyno am y ymddangosiad a blas

llaeth tew . Cynnyrch gwreiddiol Borden , a oedd

gwneud o laeth sgim ac nid oedd maetholion , yn

hyd yn oed y bai am gyfrannu at llech cyfoes

epidemig mewn plant.

O ganlyniad , dwy ffatri gyntaf Borden wedi methu a dim ond y

yn drydydd , yn Wassaic , Efrog Newydd, cynhyrchu cynnyrch defnyddiadwy

a oedd yn para'n hir ac angen unrhyw rheweiddio .

Ei fusnes ei gymorth annisgwyl gan ddarn o

newyddiaduraeth ymchwiliol mewn Leslie yn Illustrated Newspaper .

Roedd yr adroddiad yn agored y ffaith sy'n peri pryder fod cystadlu

cyflenwyr llaeth ffres yn bwydo gwartheg Efrog Newydd ar

stwnsh ddistyllfa i leihau costau.

Erbyn 1858 , llaeth Borden , a werthir fel yr Eryr Brand , wedi ennill

enw da am burdeb , gwydnwch , ac economi. galw

yn cael ei yrru hefyd gan y Rhyfel Cartref America . Yr Unol Daleithiau

llywodraeth archebu symiau enfawr o laeth tew fel

dogn maes ar gyfer milwyr yr Undeb yn ystod y rhyfel . Milwyr dychwelyd adref wedyn ledaenu'r gair a llaeth tew

daeth yn ddiwydiant o bwys gan y 1860au hwyr.

BAGIAU TEA

Y patent cyntaf am fag te , o'r enw Holder Te - Leaf ,

ei roi i Roberta Lawson a Mary McLaren o

Milwaukee , Wisconsin , yn 1903 . Mae eu ddyfais, sy'n

Roedd ychydig cwdyn gwneud o ffabrig - rhwyll agored, yn edrych

byth yn debyg i fagiau te modern , ond ei gynhyrchu .

Bagiau te yn ymddangos yn fasnachol tua 1904 , ond yr oedd yn

y de a siop goffi masnachwr Thomas Sullivan o

Efrog Newydd a marchnata gyntaf yn llwyddiannus .

Ar droad yr 20fed ganrif , te yn llawer mwy

costus na heddiw ac werthfawr iawn gan y rhai sy'n

gallai ei fforddio. Yn Efrog Newydd , mae cwsmeriaid yn disgwyl yn eiddgar

bob cargo newydd o India a Tsieina . Pan fydd y diweddaraf

Cyrhaeddodd llwyth yn y porthladd , masnachwyr te fel Sullivan byddai

anfon samplau , gan ddefnyddio tuniau metel bach i ddal y de .

Yn ôl y chwedl wedi ei bod Sullivan daeth yn flin yn uchel

cost y tuniau a newid i bagiau sidan gwnïo â llaw bach

ym mis Mehefin 1908. cwsmeriaid oedd i fod i gael gwared ar y

te rhydd oddi wrth y bagiau bach i fragu , ond mae rhai yn ei chael yn

haws i ychydig gollwng y bagiau llenwi i mewn i ddŵr poeth . sylweddoli

pa mor gyfleus oedd bag tafladwy mor syml , maent yn

yn fuan wedi dechrau gofyn am eu te mewn pecynnau hwn , mae llawer

i syndod Sullivan yn ! Un peth eu bod yn cwyno

amdano oedd bod y rhwyll ar y bagiau sidan yn rhy iawn . Mewn ymateb , datblygodd Sullivan bagiau bach a wneir o gauze,

a oedd y bagiau te a wnaed - pwrpas cyntaf .

Yn anffodus, methodd Sullivan i gymryd patent ar ei

dyfais ac ychydig a wyddys am yr hyn a ddigwyddodd iddo

neu ei gwmni wedi hynny . Mae eraill yn fuan sylweddolodd ei

potensial masnachol a dechreuodd arbrofi gyda eraill

mathau o ddeunyddiau gan gynnwys cheesecloth , seloffen , a

papur daro . Peiriannau eu dyfeisio hefyd i gymryd lle

y gwnïo â llaw o fagiau te .

Yn ystod y 1920au , dechreuodd bagiau te i fod yn cynhyrchu màs - a

Tyfodd mewn poblogrwydd yn yr Unol Daleithiau . Heddiw, bagiau te yn bennaf

gwneud allan o ffibr papur. Yr oedd William Hermanson , un

o sylfaenwyr Technegol Papurau Gorfforaeth o Boston ,

a ddyfeisiodd y bagiau te ffibr papur selio - gwres. Ym 1930 ,

Gwerthu Hermanson ei patent i'r Salada Te Cwmni .

Nid yw'r bag te hirsgwar ei ddyfeisio tan 1944 . Cyn

i hyn , bagiau te debyg sachau bach. Roedd Tetley bod

cyflwyno bagiau te ym Mhrydain yn 1953 , ac roedd yn gyflym

ddilyn gan gwmnïau eraill . Erbyn 2007 , bagiau te cynnwys

yn rhyfeddol 96 y cant o'r farchnad Brydeinig.

COFFI Instant

Goffi parod , a elwir hefyd coffi toddadwy neu bowdr goffi ,

cael ei gynhyrchu gan rewi neu chwistrell sychu fragu coffi

ffa . Efallai y bydd y fersiwn cynharaf o goffi parod wedi

cael ei ddyfeisio tua 1771, ym Mhrydain . Cyfeirir ato fel

cyfansoddyn coffi , rhoddwyd patent gan y British

llywodraeth. Mae'r fersiwn gyntaf Americanaidd Datblygwyd

yn 1853 a fersiwn arbrofol maes - brofi yn

ffurflen cacen , yn ystod y Rhyfel Cartref America .

Math o goffi parod neu hydawdd ei ddyfeisio a

patent ym 1889 gan Mr David Strang o Invercargill ,

Seland Newydd. Cafodd ei gwerthu o dan yr enw masnachu

Coffi Strang yn , gan nodi ei broses Sych Hot- Awyr patent .

Satori Kato , gwyddonydd Siapan yn gweithio yn Chicago yn

1901 , dyfeisiodd gynnyrch tebyg gan ddefnyddio proses oedd ganddo

ddatblygwyd yn wreiddiol ar gyfer gwneud te amrantiad.

Mae fferyllydd Saesneg a enwir George Louis Cyson

Datblygu Washington ei broses goffi parod hun

yn 1906 . Mae ei brand o bowdwr coffi , a enwyd Red E Coffi,

ei farchnata gyntaf yn 1909. Mae'n dominyddu y farchnad yn

yr Unol Daleithiau ar gyfer y tri degawd nesaf , hyd yn oed er bod

mae llawer o bobl nad oedd yn hoffi ei flas . Yn 1938 , Nestlé o

Lansiodd Swistir brand Nescafe . Mae'n gwella'r blas trwy dyfyniad coffi gyd - sychu ynghyd â gyfartal

faint o garbohydrad toddadwy , ac yn fuan daeth y

y rhan fwyaf o brand poblogaidd o goffi parod .

Coffi Instant dod o hyd i farchnad ar unwaith yn y lluoedd arfog .

Yn ystod y Rhyfel Byd Cyntaf rai milwyr llysenw ei fod yn ' paned o

George. 'Ystyried y dyfyniad hwn o filwr Americanaidd,

ysgrifennu adref o'r ffosydd yn 1918 :

Yr wyf yn hapus iawn er gwaethaf y llygod mawr , y glaw , y mwd , y drafftiau

[sic] , y rhuo y canon a sgrech y cregyn . Mae'n cymryd

dim ond munud i oleuo fy gwresogydd olew bach ac yn gwneud rhai George

Washington Coffi ... Bob nos Rwy'n cynnig i fyny deiseb arbennig i

iechyd a lles [Mr Washington] .

Gan y Rhyfel Byd II , goffi parod yn hynod o boblogaidd

â milwyr . G. Washington Coffi, Nescafe , ac eraill

i gyd wedi dod i'r amlwg i ateb y galw . High - gwactod

coffi rhewi - sychu Datblygwyd yn fuan ar ôl yr Ail Ryfel Byd

II . Erbyn 1950, y Cwmni Borden wedi dyfeisio dulliau ar gyfer

gwneud dyfyniad coffi pur heb carbohydrad ychwanegol,

gwneud goffi parod yn fwy poblogaidd . Yn 1963 , Maxwell

Dechreuodd House marchnata gronynnau sych - rewi , a oedd yn blasu

fwy fel coffi ffres . Heddiw , mae tua 15 y cant o

Yfed coffi Unol Daleithiau mewn ffurf ar unwaith .

CAN Agorwyr

Erbyn 1822 , bwyd tun ar gael ym Mhrydain , Ffrainc ,

a'r Unol Daleithiau. Mae'r caniau cyntaf pwyso mwy na

y bwyd maent yn cynnwys ac yn eu hagor gan ddefnyddio pa bynnag

offer ar gael ar y pryd. Mae'r cyfarwyddiadau ar y rhai

caniau ddarllen ' Torrwch o gwmpas y pen ger ymyl allanol gyda

chyn a morthwyl ' .

Ymroddedig Gall ymddangos agorwyr yn y 1850au ac roedd

cyntefig grafanc - siâp neu gynlluniau lifer - math . Yn 1855 ,

Dyfeisio Robert Yeates Llundain y cyntaf crafanc - siâp

agoriad . Yn 1858 , Ezra Warner o Waterbury , Connecticut ,

Unol Daleithiau, patent agorwr lifer - math . Roedd gryman miniog ,

a gafodd ei gwthio i mewn i'r tun a llifio o amgylch ei

ymyl. Mabwysiadodd y Byddin yr Unol Daleithiau agoriad hwn yn ystod y

Rhyfel Cartref America . Ond mae'r cryman cyllell -fel ar ei bod yn rhy

beryglus ar gyfer defnydd domestig ac felly clercod mewn siopau groser

Agorwyd yr un sy'n gallu cyn cwsmeriaid yn eu cymryd adref .

Gall y cylchdroi olwyn cyntaf agorwr tuniau ei patent yn

Gorffennaf 1870 , gan William Lyman o Meriden , Connecticut ,

a gynhyrchwyd gan y cwmni Baumgarten yn y 1890au . Mae'r

olwyn toriad ei cylchdroi o amgylch y rhimyn y can i dorri .

Ond roedd angen y tun i gael ei dyllu yn y canol yn gyntaf. yn

1925, Seren All Agorwr Company of San Francisco , California , gwell dylunio Lyman drwy ychwanegu ail ,

olwyn danheddog a elwir yn olwyn bwyd anifeiliaid , gan ganiatáu gafael gadarn o

yr ymyl a gwneud tyllu cychwynnol diangen .

A all - dal agorwyr ar yr un pryd gafael ar y tun a

agor, gan ei gwneud yn ddiangen i ddal y tun gan ei fod yn

yn cael eu torri. Mae'r agoriad cyntaf o'r fath yn patent yn 1931 gan

y Bunker Clancey Company of Kansas City, Missouri ,

ac , felly, a elwir yn y Bunker . Roedd yn debyg i

y dyluniad Star ond ychwanegodd gefail -fath dolenni i dynn

gafaelgar yr ymyl. Mae'r cynllun hwn yn effeithlon yn cael ei ddefnyddio hyd heddiw .

Gall trydan agorwr tuniau yn debyg i'r Bunker ei patent

yn 1931 ond nid oedd yn dod o hyd llwyddiant tan y 1950au .

Yn 1866 , agoriad gyda dyluniad hollol wahanol oedd

patent gan J. Osterhoudt . Yn hytrach na tyllu'r y tun , mae'n rhwygo

i ffwrdd ac yn rholio i fyny stribed cyn - sgorio ychydig o dan y caead . Roedd yn

a elwir yn allweddol am ei fod yn debyg allwedd drws. hyd heddiw,

agorwyr yn cael eu gwerthu ynghyd â nifer o caniau bach , tenau - wal o'i chwmpas .

Gall agorwyr gyda dyluniadau syml a chadarn wedi bod yn

a ddatblygwyd yn benodol ar gyfer defnydd milwrol . Er enghraifft ,

P - 38 a P - 51 eu defnyddio gan Americanwyr yn ystod Byd

Rhyfel II . Roedd y P - 38 a elwir hefyd yn John Wayne oherwydd

unwaith y bydd yr actor ei ddangos gan ddefnyddio un mewn ffilm hyfforddi.

ymbarelau COCTEL

Mae ymbarél coctel yn ymbarél bach neu Parasol a wnaed

o bapur, bwrdd papur , a toothpick ac fe'i defnyddir fel

garnais neu addurn yn coctels , pwdinau , neu fwyd arall

a diodydd . Ymbarél yn ffasiwn allan o bapur a

Gellir patrymog gyda asennau cardbord. Mae'r asennau yn cael eu gwneud

o gardbord er mwyn rhoi hyblygrwydd gyda cholfachau

fel y gall y ymbarél yn cael ei dynnu gau llawer fel

ymbarél cyffredin. Modrwy cynnal plastig bach yn aml

ffasiwn yn erbyn y coesyn , fel arfer toothpick , er mwyn

i atal ymbarél rhag plygu i fyny yn ddigymell .

Mae llawes o bapur newydd plygu o dan y goler

i weithredu fel gwahanydd . Mae'r papur newydd fel arfer naill ai

Siapan , Tseineaidd , neu iaith Indiaidd, hinting ar y

tarddiad ymbarél ar .

Yn wir , ymbarelau coctel wedi dod yn elfen allweddol yn y

cwlt y Tiki . Mae'r cwlt Tiki yn cynnwys gwerthfawrogiad

y bar tiki , a elwir hefyd yn bar Polynesaidd . Mae'r bar

yn arbenigo mewn addurn ynys , bwyd egsotig , a trofannol

diodydd arnynt parasolau coctel a ffansi eraill

petheuach . Mae'r cyd- tiki wedi chwarae ganolog os

rôl unappreciated yn niwylliant y Gorllewin am fwy na 60

flynyddoedd . Ond cyn eu defnyddio mewn bariau tiki , credir y

ymbarelau coctel ar gael mewn bwytai Tsieineaidd yn nodi bod y parasol , neu o leiaf y syniad o roi

mewn diod , yn ddyfais Tseiniaidd - Americanaidd. Mae'n bosibl

eu bod yn gynlluniwyd yn wreiddiol i darian ciwbiau iâ

o fewn diodydd rhag yr haul. Fodd bynnag, mae ymdrechion i gadarnhau

damcaniaethau hyn gyda chwmnïau Tseiniaidd a Tsieineaidd -Americanaidd

gwerthu'r ymbarelau heddiw yn aflwyddiannus .

Credir bod y ymbarél goctel ei fod wedi cyrraedd ar y

tiki bar olygfa mor gynnar â 1932 , cwrteisi Victor J. Bergeron ,

y irascible sylfaenydd un - coes o Masnachwr Vic yn San

Francisco . Masnachwr Vic yn un mawr yn seiliedig - Francisco San

cadwyn o fwytai Polynesaidd - arddull. Diodydd a wasanaethir Vic yn

gydag ymbarel coctel hyd at y 1940au cynnar, pan

mewnforio o parasols ychydig oddi wrth ffatrïoedd yn y Pell

Ddwyrain Lloegr oedd atal gan yr achosion yr Ail Ryfel Byd . Fodd bynnag,

yn ôl mynediad Bergeron ei hun , yr oedd wedi dewis yn wreiddiol

i fyny y syniad gan y Don y gadwyn bwyty Beachcomber

(ar gau erbyn hyn) , a arloesodd fwyta Polynesaidd - arddull

yn yr Unol Daleithiau. Ar ôl cyflwyniad, ymbarelau yn

ystyrir egsotig iawn , fel yr oedd y rhan fwyaf o pethau o'r

Ymyl y Môr Tawel . Gyda llaw, Bergeron hefyd dyfeisio nifer o

diodydd rym blas - a ddaeth yn fyd-enwog . maent yn

Roedd gan enwau fel Revenge Cenhadol yn , Bastard Sufferin ' ,

a Mai Tai , sy'n golygu bod y gorau yn Tahiti .

gwm cnoi

Mae pobl wedi mwynhau gwm cnoi am o leiaf 5,000 o flynyddoedd .

Gwm hynafol , wedi'i wneud o dar rhisgl y fedwen , wedi ei ganfod mewn

Ffindir gyda argraffnodau dant yn dal arno . Hynafol Groegiaid

a'r Rhufeiniaid cnoi resin o'r goeden mastig a elwir yn

mastiche . Mae rhisgl y fedwen a mastig yn ôl y sôn wedi

manteision meddyginiaethol .

Mae'r bobl Mayan Canolbarth America yn cnoi

Chicle , sy'n deillio o'r sudd melys y goeden Sapodilla ,

gan yr 2il ganrif OC . Mae eu disgynyddion Mecsicanaidd

Parhaodd cnoi Chicle . Yng Ngogledd America , yn gynnar

Dechreuodd ymsefydlwyr Ewropeaidd yn cnoi resin o goed sbriws

gymysgu â cwyr gwenyn . Mae'r sylfaen sbriws yn raddol

disodli gan gwyr paraffin .

Dyfeisiwr Americanaidd Thomas Adams dyfeisio modern

gwm cnoi yn 1869 . Adams wedi prynu un tunnell o

Chicle o arweinydd Mecsicanaidd Antonio López de Santa Anna ,

a oedd wedyn yn byw yn alltud yn Ynys Staten , Efrog Newydd.

Roedd santa Anna mewnforio Chicle o'i Mecsico frodorol,

fel y gallai wneud teiars , ond yn aflwyddiannus iawn.

Yna treuliodd Adams dros flwyddyn yn ceisio gwneud Chicle i

yn lle rwber , ond methodd bob tro . Fodd bynnag, un

diwrnod y bu ail - ddarganfod diddorol ffeithiau Chicle yn hwyl i gnoi. Erbyn Chwefror 1871 , Gum Adams Efrog
Newydd, a

yn llyfnach , mwy meddal ac yn well blasu nag unrhyw paraffinbased

gwm , ar gael mewn siopau cyffuriau. O fewn ychydig

flynyddoedd, Adams a chynhyrchwyr eraill yn gwerthu

gwahanol flasau o gwm seiliedig ar Chicle mewn symiau mawr .

Fodd bynnag, ni allai'r un gwm cynnar yn dal blas hir iawn . Mae hyn yn

Nid yw problem yn sefydlog hyd 1880 pan William Gwyn

siwgr cyfuno a surop corn gyda Chicle . Americanaidd

entrepreneuriaid William Wrigley , Jr a Frank H. Fleer

gwneud datblygiadau pellach ar y broblem blas. Wrigley

Cwmni Gwm Cnoi Wrigley sefydlwyd yn Chicago

yn 1891 ac a ddefnyddiwyd strategaeth farchnata clyfar i fod yn

brand gwm mwyaf enwog yn y byd . Mewn un fath clyfar

symud , fe bostio 3 ffon o gwm rhad ac am ddim i bawb a restrir yn

cyfeiriadur - dros y ffôn Americanaidd 7 miliwn o bobl !

Mae llawer o'u brandiau cynnar fel Juicy Ffrwythau , Spearmint a

Doublemint yn dal i fod yn boblogaidd iawn heddiw .

Ym 1906 , roedd cwmni Fleer yn seiliedig ar Philadelphia bod

Chiclets lansio, y dannedd gorchuddio Candy cyntaf . Sugarfree

gwm , a argymhellwyd gan ddeintyddion , ei gyflwyno

yn ystod y 1950au . Yn y 1960au , latecs a wnaed gan ddyn yn rhatach

deunyddiau yn bennaf disodli Chicle . Fodd bynnag, Chicle

yn parhau i fod y gair cyffredin ar gyfer gwm cnoi , yn

Sbaeneg .

GUMBALLS

Yn ôl y chwedl, y gumball ei ddyfeisio o gwmpas

dechrau'r 20fed ganrif gan yr Almaen anhysbys

groser yn Efrog Newydd. Un diwrnod, yn ddig fod ei blociau o

Nid yw gwm yn gwerthu, fe wadded i fyny darn a taflu ei

ar draws y siop. Mae wad gwm yna syrthiodd i mewn i casgen

o siwgr a gaffaelwyd ymddangosiad newydd disglair.

Yna Dangosodd y groser ei ddarganfyddiad at ffrind, o

ef benthyg peiriant gwerthu cnau mwnci, newid

ei fecanwaith i ddosbarthu peli o gwm. P'un a yw hyn

stori yn wir nid yn hysbys, ond nid oedd i fod

peiriannau ar gyfer ffon neu gwm siâp bloc gwerthu mor gynnar

fel 1888. Ym 1897, mae'r Cwmni Gweithgynhyrchu Pulver

ffigurau animeiddio ychwanegu at ei peiriannau gwm fel ychwanegol

atyniad. Fodd bynnag, y peiriannau cyntaf i wneud gwir

Nid yw gumballs eu gweld tan 1907, a gyhoeddwyd yn ôl pob tebyg

cyntaf gan y Co Gum Thomas Adams yn yr Unol Daleithiau.

Entrepreneur Americanaidd Frank Henry Fleer oedd un o'r

arloeswyr cynnar o gwm cnoi. Ymhlith ei brosiectau cynnar

yn creu gwm gorchuddio-candy a ei ddyfais,

Chiclets, yn dal yn boblogaidd yn eang heddiw. Roedd Fleer ceisio

math mwy elastig o gwm ac er gwaethaf ei ofnadwy cyntaf

ymdrechion gludiog ac anniben, yn y pen draw a ddaeth i ben i fyny gyda

hyn a wyddom fel gwm swigen. Yn rhyfedd ddigon, yr oedd ei cyfrifydd, Walter DIEMER, sy'n cael ei gredydu â dod o hyd i'r

cyfuniad cywir o gynhwysion i wneud y gwm elastig

digon i chwythu i mewn swigen heb fod angen turpentine

i'w symud oddi ar y croen fel y gwnaeth prototeipiau cyntaf Fleer yn!

DIEMER hefyd sefydlodd y lliw gwm traddodiadol o binc

trwy ddefnyddio'r unig lliw sydd ar gael ar y silff pan oedd yn

gwneud ei gymysgedd. Mae ei 1928 creu, Bubble Dubble,

daeth y bubblegum llwyddiannus yn fasnachol gyntaf. Mae'n

ei werthu yn wreiddiol fel gumballs gydag enw stampio

ar y cotio Candy a brics yn ddiweddarach fel un fach gyda comig

deunydd lapio. Mae'n dal i fod yn boblogaidd heddiw.

Patent yn 1923, mae'r Cwmni Gweithgynhyrchu Norris

gynhyrchu eu llinell Meistr o beiriannau gumball crôm

yn ystod y 1930au. Gallai'r peiriannau hyn yn derbyn naill ai

ceiniogau neu Nickels.

Arall gwneuthurwr cynnar o gwm ar gyfer gumball

peiriannau yn yr Unol Daleithiau ei sefydlu yn 1934-y Gum Ford

a Machine Cwmni Akron, Efrog Newydd. Y Ford

Roedd brand o beiriannau gumball hefyd yn crôm sgleiniog

lliw. Heddiw, gumballs a'r peiriannau y maent yn cael eu gosod

mewn yn hollbresennol ac yn cyflwyno ym mhob man o farbwr

siopau a glanhawyr sych i siopau groser a hyd yn oed rhai

ystafelloedd gweithredol.

Nwdls Instant

Taiwanese-Siapan busnes Momofuku Ando

dyfeisio nwdls amrantiad. Ym 1958, sefydlodd Nissin

Foods, a leolir yn Osaka, Japan. Am flynyddoedd ar ôl diwedd

Ail Ryfel Byd, roedd prinder cyson o fwyd yn

Japan, ac Ando, yna llywydd banc, i'r casgliad bod

newyn oedd y mater byd-eang pwysicaf ei gyfnod. Yn

1957, methodd ei fanc a dechreuodd Ando i ddatblygu massproduced

cawl nwdls dadhydradu (Ramen) i'w datrys.

Yn ei flwyddyn gyntaf, roedd Ando unrhyw lwyddiant o gwbl. Rhan fwyaf o'r amser nid yw gwead y nwdls ar ôl ei goginio yn iawn.

Un diwrnod, fodd bynnag, taflodd Ando rhai o'r nwdls i mewn i

olew tempwra bod ei wraig wedi gynhesu i goginio cinio. Roedd

Yna darganfod bod fflach ffrio dadhydradu y nwdls

a rhoddodd oes silff hwy iddynt. Nid yn unig hynny, mae hefyd yn

creu tyllau bach sy'n gwneud eu coginio yn fwy cyflym.

Nwdls Instant eu geni ac, ar oed pedwar deg wyth,

Cychwynnodd Ando ar ei yrfa fel Mr Nwdls.

Nwdls Instant eu marchnata gyntaf yn Japan ar 25 Awst,

1958 o dan yr enw brand Chikin Ramen, sy'n golygu Cyw Iâr

Ramen. Mae defnyddwyr yn cofleidio gyflym hwylustod

gwneud Ramen ar unwaith yn y cartref. Daeth prif fwyd yn

Japan a brandiau eraill, fel Maggi Nestlé, mynd i mewn i'r farchnad. Ando yn ei dro yn edrych ar gyfer cwsmeriaid rhyngwladol.

Roedd Ando ei syniad gwych nesaf ar daith busnes i'r

Yr Unol Daleithiau yn 1966. Nododd swyddogion gweithredol archfarchnad yn Los

Angeles ddefnyddio eu cwpanau coffi Styrofoam fel Ramen bowls.

Chwilfrydig, ailadrodd Ando cynwysyddion dros dro hyn ar gyfer

cynnyrch newydd. Ym 1971, cyflwynodd Nissin Nwdls Cwpan -

nwdls sydyn mewn polystyren gwrthsefyll gwres-dal dŵr

cwpan mai dim ond angen dŵr berwedig i goginio. Cwpan Nwdls

yn llwyddiannus iawn, yn enwedig dramor, lle powlenni neu

Fel arfer, ni chopsticks ar gael.

Nwdls Instant hyd yn oed wedi bod i'r gofod! Ando datblygu

Gofod Ram, a pacio dan wactod Ramen amrantiad a wnaed

yn enwedig ar gyfer gofodwr Siapan Soichi Noguchi 2005

baglu ar y wennol ofod Discovery.

Yn ôl arolwg a gynhaliwyd Siapan yn ystod y flwyddyn

2000, 'y Siapan yn credu bod eu dyfeisio gorau o

yr ugeinfed ganrif oedd nwdls amrantiad. 'O 2010,

tua 95000000000 dogn o nwdls sydyn yn

bwyta ledled y byd bob blwyddyn. Dyna chyfartaledd o 14

bowlenni y person! Fel Momofuku Ando, a ddaeth yn ddiweddarach

yn arwr cenedlaethol Siapan, dywedodd, 'Ddynoliaeth yn Noodlekind.'

Non-stick offer coginio

Dechreuodd y darganfyddiad o dechnoleg non-stick ag ymchwil

ar yr oergell. Dr Roy Plunkett, cemegydd Americanaidd

yn y ffatri Ginetig Chemicals, is-gwmni o DuPont, roedd

chwilio ar gyfer cemegol llai gwenwynig i'w ddefnyddio fel oerydd.

Yn 1938, concocted Plunkett cymysgedd a oedd i fod i

cynhyrchu nwy tetrafluoroethylene ac yn gadael dros nos ar

dymheredd isel ac o dan bwysau. Y bore nesaf,

iddo gyrraedd yn y gwaith i ddod o hyd i, sylwedd cwyraidd gwyn yn lle hynny

y nwy ei fod wedi ei ddisgwyl. Mae sylwedd newydd yn

polymer-polytetrafluoroethylene (PTFE). Roedd yn gyflym

gydnabod fel eithriadol o llithrig ac yn gemegol

sylwedd anadweithiol. Trademarked DuPont y broses a

gemegol fel Teflon yn 1945.

Erbyn 1951, Dupont wedi datblygu cymwysiadau masnachol

ar gyfer Teflon yn y farchnad bara a gwneud cwci. Ond

eu bod yn osgoi y farchnad ar gyfer offer coginio defnyddwyr oherwydd

problemau posibl sy'n gysylltiedig â rhyddhau gwenwynig

nwyon. Nid tan beiriannydd Ffrengig o'r enw Marc

Dod o hyd Grégoire ffordd i bond PTFE gyda alwminiwm

bod y offer coginio nonstick cyntaf ei greu. Grégoire

wedi dechrau cotio ei offer pysgota gyda Teflon i atal

clymau. Awgrymodd ei wraig Colette gan ddefnyddio'r un

dull i got ei sosbenni coginio. Syniad Colette yn llwyddiannus ar unwaith a Ffrangeg

patent ei roi ar gyfer y broses yn 1954. Yn 1955, roedd y

Dechreuodd Grégoires gwneud a gwerthu offer coginio non-stick

allan o'u cegin. Mae hyn yn profi mor boblogaidd fel bod yn 1956

maent yn sefydlodd y Tefal Corporation, a ffurfiwyd gan gymryd TEF

o Teflon ac Al o Alwminiwm. Ychydig flynyddoedd yn ddiweddarach,

Americanaidd o'r enw Thomas Hardie gwrdd Grégoire tra

ar daith fusnes. Cafodd ei argraff gyda'r offer coginio

a'u perswadio DuPont i fewnforio i mewn i'r Unol Daleithiau. Ond

DuPont mynnu ar newid yr enw Tefal i T-Fal fel

yr enw yn rhy agos at eu enw brand o Teflon.

Ar ôl nifer o ymdrechion i fanwerthwyr llog, Hardie

siop adrannol yn olaf argyhoeddedig Macy yn New

Dinas Efrog i roi gorchymyn bach o sosbenni T-Fal. Maent yn

Aeth ar werth ar gyfer $ 6.94 ar 15 Rhagfyr, 1960 ac i

syndod pawb, gwerthu allan yn gyflym, hyd yn oed yn ystod

storm eira difrifol. Yn wir, offer coginio non-stick mor

llwyddiannus na allai ffatrïoedd ramp i fyny cynhyrchu

yn ddigon cyflym i fodloni'r galw. Erbyn 1961, roedd gwerthiant T-Fal

cyrraedd un filiwn o ddarnau y mis yn yr Unol Daleithiau yn unig. Arall

gweithgynhyrchwyr yn fuan ymuno â'r farchnad fel Wearever, All-

Cladio, Faberware, Viking, a Circulon. Er nonstick eraill

deunyddiau cotio hefyd eu dyfeisio, mae'n Teflon sy'n

wedi dominyddu y farchnad.

Chopsticks

Chopsticks neu kuaizi yw'r offer bwyta traddodiadol o

Tsieina, Japan, Korea, a Fietnam. Yn draddodiadol kuaizi

yn cael eu cynnal yn y llaw trech, rhwng y bawd a'r

bysedd, a'u defnyddio i godi darnau o fwyd. Y Saesneg

Gall chopstick gair yn deillio o Tseiniaidd

Gair Pidgin English chop-Golwyth sy'n golygu gyflym.

Yn ôl i hanes Tseiniaidd, chopsticks cael eu defnyddio gyntaf

yn ystod y linach Shang, ac Zhou, brenin olaf y

Shang linach, a ddefnyddir chopsticks ifori. Fodd bynnag, arbenigwyr

yn credu bod bambw a phren chopsticks cael eu defnyddio

dros 1,000 o flynyddoedd cyn chopsticks ifori. Y cynharaf y

tystiolaeth ffisegol o bâr o chopsticks eu gwneud

o efydd a gloddiwyd o adfeilion Yin, yr olaf

cyfalaf y Brenhinllin Shang, o tua 1200 CC. Mae'r

Cyfeirnod testunol cynharaf at y defnydd o chopsticks

yn dod o CC 3edd ganrif.

Efallai y bydd y fersiynau cynharaf o chopsticks wedi cael eu defnyddio

ar gyfer coginio, gan ei droi y tân, ac yn gwasanaethu neu atafaelu darnau o

bwyd, ond nid fel bwyta offer. Gyda phoblogaeth sy'n tyfu

ac adnoddau tanwydd prin, dechreuodd y Tseiniaidd hynafol

i dorri bwyd yn ddarnau bach felly byddai'n goginio yn gyflymach ac yn

defnyddio ychydig iawn o danwydd. Mae'r rhain yn tameidiau byrion o fwyd a wnaed cyllyll diangen wrth y bwrdd ac yn berffaith i fwyta gyda

chopsticks. Dechreuodd chopsticks i'w defnyddio fel bwyta offer

yn ystod y Brenhinllin Han gan eu bod yn fwy lacquerware

gyfeillgar na offer bwyta miniog arall.

Erbyn 500 OC, chopsticks wedi lledaenu o Tsieina i eraill

gwledydd fel Korea, Fietnam, a Siapan. Siapan Cynnar

chopsticks yn cael eu defnyddio yn llym ar gyfer seremonïau crefyddol

a chawsant eu gwneud o un darn o bambw ymuno yn y

top. Mae'r rhain yn edrych braidd fel pliciwr. Erbyn y 10fed

ganrif, fodd bynnag, maent yn cael eu gwneud fel dwy wahân

ddarnau. Daeth aur ac arian chopsticks poblogaidd yn y

Tang Dynasty (618-907 OC). Ond dim ond yn ystod y

Brenhinllin Ming (1368 - 1644 AD) bod chopsticks daeth

poblogaidd ar gyfer y ddau gwasanaethu a bwyta, eu henwi kuaizi,

ac a gafwyd eu siâp presennol.

Oeddech chi'n gwybod?

Yn China hynafol a'r Oesoedd Canol, chopsticks arian yn

ddefnyddir weithiau gan y credid y byddent yn

troi'n ddu os ydynt yn dod i gysylltiad â bwyd gwenwynig.

Rhaid i'r arfer wedi arwain at rai anffodus

gamddealltwriaeth. Mae'n hysbys nawr bod arian nad oes gan

ymateb i arsenig neu cyanide, ond gall newid lliw os yw'n

yn dod i gysylltiad gyda garlleg, winwns, neu wyau-pob pwdr o

sy'n rhyddhau nwy hydrogen sylffid.

Cling WRAP

Cling-lapio neu fwyd lapio yn ffilm blastig tenau a ddefnyddir i sêl

eitemau bwyd mewn cynwysyddion fel eu bod yn aros yn ffres dros

gyfnod hwy o amser. Gall y rhain wraps lynu at lawer o

llyfn arwynebau ac yn gallu parhau i fod yn dynn wrth ymdrin â

agor cynhwysydd heb gludiog neu

dyfeisiau. Cling-lapio cyfeirir popularly fel Gladwrap

yn Awstralia a Seland Newydd, a Saran lapio mewn-

Gogledd America. Cafodd ei wneud yn wreiddiol o polyvinylidene

clorid neu PVDC. Mae'r ffilmiau hyn yn gweithredu fel rhwystr yn erbyn

ocsigen, lleithder, cemegau, a gwres ac yn y blaen yn berffaith

ar gyfer diogelu bwyd yn ogystal â defnyddwyr a diwydiannol

cynhyrchion.

Yn 1933, Ralph Wiley, yn fyfyriwr coleg a oedd yn gweithio

fel cynorthwy-ydd labordy yn Dow Chemicals, yn ddamweiniol

Darganfuwyd PVDC pan ddaeth ar draws ffiol ni allai

prysgwydd lân. Galwodd y sylwedd yn y eonite ffiol,

ar ôl ddeunydd indestructible yn y stribed comig Little

Plant Amddifad Annie. Ymchwilwyr Dow trosi eonite Ralph yn

i mewn i ffilm gwyrdd seimllyd, tywyll a'i alw'n Saran yn lle hynny.

Dow yn ddiweddarach yn cael gwared o liw gwyrdd Saran ac annymunol

arogl. Yn y blynyddoedd cyntaf ar ôl y darganfyddiad o Saran, mae'n

yn cael ei ddefnyddio gan y fyddin i chwistrellu eu awyrennau ymladd er mwyn

y gellid eu diogelu rhag chwistrellu môr hallt a chan carmakers ar gyfer clustogwaith. Yn 1956, yr Unol Daleithiau Bwyd a Chyffuriau

Gweinyddu (FDA) cymeradwyo PVDC ar gyfer bwyd penodol

cysylltu yn ogystal â deunydd pacio bwyd. Yn ogystal, PVDC wedi

hefyd wedi'i glirio i'w ddefnyddio fel wyneb cyswllt bwyd yn y

ffurf polymer sylfaen, mewn gasgedi pecyn bwyd, yn uniongyrchol

cysylltu â bwydydd sych, ac ar gyfer cotiadau papur yn

cysylltu â brasterog a bwydydd dyfrllyd.

SC Johnson bellach yn marchnata'r brand Saran-Lapio o blastig ffilm. Ym mis Gorffennaf, 2004, yr enw Saran Gwreiddiol ei newid

i Premiwm Saran a ffurfio ei newid i

polyethylen dwysedd isel (LDPE), sy'n fwy diogel ac yn

plastig yn fwy cyfeillgar i'r amgylchedd. Falch-Wrap, o

Union Carbide Corporation, a Handi-Wrap, yn cael eu eraill

LDPE seiliedig brandiau cling-lapio.

Oeddech chi'n gwybod?

Mae'r Clingwrap cân gan Awstralia canwr-gyfansoddwr Sam

Sparro yn cynnwys geiriau fel:

Rhaid eich bod wedi meddwl fy mod yn eich byrbryd,

'Achos nawr byddwch yn cadw i mi fel cling lapio.

O, 'achosi i chi yn fy ngharu i.

Pryd wnaethoch chi gael mor crazy?

Rydych yn gludiog, rydych yn gludiog, rydych yn gludiog,

A ydych chi fel cling lapio.

BWYD tun

Mae stori o fwyd tun yn dechrau yn 1795 pan y Ffrancwyr

llywodraeth yn cynnig 12,000 ffranc, gwobr fawr, i unrhyw un

a allai ddyfeisio dull o gadw bwyd. Napoleon

enwog wedi nodi bod fyddin 'yn teithio ar ei stumog,'

oherwydd bod ei filwyr eu dinistrio llawer mwy drwy newyn

a scurvy na thrwy ymladd.

Ym Mharis Nicholas Appert, ar ôl arbrofi am 15 mlynedd,

cadw bwyd yn llwyddiannus drwy rhannol goginio, selio

mewn poteli aerglos gyda stoppers corc a drwytho

rhain mewn dŵr berwedig. Samplau o fwyd Appert oedd

a gymerwyd gan filwyr Napoleon, a deithiodd ar y môr am dros

pedwar mis, ac mae'n parhau i fod yn ffres. Cafodd ei gwobrwyo mewn

1810 gan yr Ymerawdwr, ar gyfer ei ddyfais. Mae hefyd yn ysgrifennu

llyfr o'r enw Llyfr holl aelwydydd neu The Art of Cadw

Sylweddau anifeiliaid a Llysiau am nifer o flynyddoedd.

Masnachwr british Peter Durand patent y tun aerglos

Gall dull o gadw bwyd a nwyddau darfodus eraill yn

1810. Mae gweddill ei broses cadwraeth yn debyg i

Appert yn. Caniau wedi'u gwneud o haearn, ei araenu â thun

i atal rhwd a oedd yn llawer haws i drin na

Poteli gwydr Appert yn. Yn 1812, gwerthodd Durand ei patent i

dau Saeson, Bryan Donkin a John Hall, am £ 1,000. Maent yn sefydlu ffatri canio masnachol yn Bermondsey,

Lloegr, ac erbyn 1813, yn cynhyrchu nwyddau tun ar gyfer

y fyddin a'r llynges Prydain. Llysiau tun Maethlon

dileu scurvy yn fuan.

Gwnaeth Syr William Edward Parry dau teithiau arctig i

y Passage Gogledd-orllewin yn y 1820au a chymryd bwyd tun

ar ei deithiau. Un tun pedwar-punt o gig llo wedi'u rhostio,

cario ar y ddau deithiau, ond byth yn agor, ei gadw mewn

amgueddfa nes iddi gael ei hagor yn 1938. Mae'r cynnwys, yna

dros gan mlwydd oed o hyd, eu bod yn berffaith

bwytadwy! Ond caniau cynnar selio gyda sodr plwm, a oedd yn

achosi gwenwyn plwm weithiau. Enwog, aelodau o'r

1845 alldaith Arctig Syr John Franklin yn dioddef yn ddifrifol

arwain wenwyn ar ôl tair blynedd o fwyta cig ci tun.

Mae'r agoriad can modern ei ddyfeisio yn 1865, gan wneud

cynhyrchion tun hyd yn oed yn fwy cyfleus. Mae'r glanweithiol

neu top agored a gyflwynwyd gan yr Glanweithdra Can

Cwmni o Efrog Newydd yn 1904. Yn fuan dechreuodd i dra-arglwyddiaethu

y farchnad oherwydd ei fod yn hawdd i gynhyrchu a

angen unrhyw sodro, gan ddileu'r posibilrwydd

o wenwyn plwm. Heddiw, mae mwy na 600 o feintiau

ac arddulliau o ganiau cael eu cynhyrchu ac mewn tun bwyd

yn fwy poblogaidd nag erioed.

DIOD tun

Caniau yn cael eu defnyddio i pecyn cwrw a diodydd meddal mor gynnar

fel 1930. Roeddent yn sturdier na'r poteli gwydr ac yn haws

i storio a chludiant. Diodydd tun cynnar wedi eu factorysealed

ac yn gofyn am agoriad arbennig. Mae'r rhain yn silindrog

dyrnu caniau uchaf wedi eu gwneud o haearn neu dun ac roedd top gwastad

a gwaelod. Yng nghanol y 1930au, caniau gyda thopiau siâp côn

a chapiau y gellid eu hagor a dywallt fel poteli

cael eu datblygu. Mae'r topiau côn a crowntainers yn

gynhyrchu tan ddiwedd y 1950au.

Mae'r ddiod meddal tun cyntaf, Clwb Cliquot Ginger Ale,

ei lansio yn 1938. Defnyddiodd can top côn a gynhyrchir

gan y Can Cwmni Continental, sy'n aml yn gollwng neu

gyfleu blas metelaidd i'r ddiod. Mae'r problemau hyn yn

gwneud diodydd tun yn araf i ddal ar. Gan y Rhyfel Byd II,

caniau yn cynnwys dim ond deg y cant o'r farchnad diod.

Cymerodd nifer o flynyddoedd am y glitches gael eu gweithio allan. Mae

gwell dylunio o Continental all ganiatáu yn olaf

Pepsi-Cola i lansio'r ddiod meddal tun mawr cyntaf yn

1948. Mae ei boblogrwydd ei oedi gan brinder metel yn ystod

Rhyfel Corea yn y 1950au cynnar, ond erbyn 1960, Pepsi a

Roedd brenhinol y Goron yn gwerthu nifer fawr o tun meddal

diodydd. Wedi'i ysbrydoli gan y gystadleuaeth, dechreuodd Coca-Cola

caniau marchnata ar raddfa fawr yn fuan wedyn. Dyfeisio Americanaidd Ermal Fraze y agoriad tynnu-tab yn

1959. Dileu hyn yr angen am agoriad caniau ar wahân.

Mae'n debyg, tra ar picnic, anghofio Fraze i ddod â

agorwr tuniau ac fe'i gorfodwyd i ddefnyddio bumper car i busnesa y

caniau agored. Un noson mae'n cofio'r digwyddiad ac

dechreuodd weithio ar can hunan-agor. Roedd eraill wedi ceisio

dod o hyd i ddyfeisiau tebyg ond maent yn malfunctioned neu

torrodd hawdd. Fraze datrys y materion hyn ac ei ddyfais

diodydd tun a wnaed hyd yn oed yn fwy poblogaidd. Erbyn 1965, roedd bron

75 y cant o fragdai Unol Daleithiau yn ei ddefnyddio. Fodd bynnag,

pobl yn tueddu i daflu i ffwrdd y tab ar ôl agor eu

Gall, gan greu problem sbwriel mawr.

Yn fuan caniau dur a thun yn cael eu disodli gan alwminiwm

rhai, a oedd llawer o fanteision-eu bod yn ysgafn,

rhad, gwrthsefyll cyrydu, gwydn, ac y gellir eu hailgylchu. Mae'r

Gall diod alwminiwm cyntaf a weithgynhyrchir gan

Metelau Reynolds Cwmni yn 1963 ac a ddefnyddir ar gyfer diet cola

enw Slenderella. Fabwysiadwyd brenhinol y Goron alwminiwm

Gall yn 1964 ac erbyn 1967, ac yna Pepsi a Coke.

Yn 1977, patent Fraze beidio â symudadwy, pushin cyntaf

a'i blygu yn ôl pop agoriad tab. Datrys hyn yn y sbwriel

problemau sy'n gysylltiedig â'r tynnu-tab. Erbyn 1985, y poptab

can alwminiwm amlwg iawn yn y diod pecynnu

farchnad.

FOIL Alwminiwm

Ffoil alwminiwm yn cael ei ddiffinio fel taflenni o alwminiwm sy'n

yn llai na 0.2 mm o drwch. Ffoil cartref hyd yn oed yn deneuach,

fel arfer 0.016 mm neu mm 0.024. Mae tua 75 y cant

o alwminiwm ffoil ei ddefnyddio ar gyfer pecynnu bwydydd, colur

a chynhyrchion cemegol. Mae'r gweddill yn cael ei ddefnyddio mewn diwydiannol

ceisiadau. Mae'r ffoil alwminiwm term boblogeiddio

gan Metelau Reynolds, y gwneuthurwr blaenllaw yn y Gogledd

America.

Daeth alwminiwm metelaidd sydd ar gael mewn symiau mawr

yn 1888. Alfred Gautschi o Gontenschwil, Swistir

oedd y cyntaf i gynhyrchu ffoil alwminiwm yn 1903, gan ddefnyddio

y broses dreigl pecyn adnabyddus. Pentwr Gautschi a

nifer o daflenni alwminiwm tenau mewn pecyn a chyflwyno

mae'n rhwng silindrau haearn trwm. Ailadroddodd y broses

gyda bylchau raddol llai rhwng y silindrau

nes bod y trwch ffoil a ddymunir gafwyd. Arall

gwneuthurwr yn gynnar oedd Dr Lauber, Neher & Cie, yn seiliedig

yn Kreuzlingen, Y Swistir. Yn 1907, maent yn darganfod

proses dreigl barhaus amgen a'r defnydd o

ffoil alwminiwm fel rhwystr amddiffynnol.

Ffoil tun wedi bod ar gael yn fasnachol ers yr hwyr

19eg ganrif. Ond nid oedd yn hydrin iawn a rhoddodd flas metelaidd bach i fwyd lapio ynddo. Felly, y newydd

deunydd yn gyflym yn ei le. Ym 1911, yn seiliedig ar y Swistir

Dechreuodd cwmni melysion Tobler lapio ei siocled

bariau mewn ffoil alwminiwm, gan gynnwys eu trionglog unigryw

bar siocled, toblerone. Mae'r defnydd o ffoil alwminiwm i

lapio siocled yn llwyddiant bron ar unwaith, gan ei fod yn

eu diogelu rhag lleithder ac yn cadw'r arogl yn gyfan. Erbyn

Roedd 1,912, ffoil alwminiwm hefyd yn cael ei ddefnyddio gan Maggi, sydd bellach yn

Nestlé Maggi, i bacio gawl a chiwbiau stoc.

Cynhyrchu masnachol o ffoil alwminiwm yn yr Unol Daleithiau dechreuodd

ym 1913. Mae'r farchnad gwreiddiol yn fach iawn, gan wneud goes

bandiau ar gyfer nodi colomennod rasio. Ond yn fuan yr oedd

llawer o geisiadau eraill fel lapio ar gyfer siocled, te,

Mints Life Savers, bariau Candy, a gwm cnoi. Yn 1921,

y lamineiddio carton plygu cyntaf gyda ffoil alwminiwm

ei gynhyrchu. Mae'r diwydiant llaeth yn mabwysiadu cynnar

gan nad ffoil alwminiwm yn troi'n ddu mewn cysylltiad â

caws ac roedd tua 20 y cant yn rhatach na ffoil tun.

Ffoil cartref ei farchnata gyntaf yn y 1920au hwyr.

Daeth ffoil alwminiwm deunydd pecynnu mawr

yn ystod yr Ail Ryfel Byd. Ar ôl y rhyfel, dechreuodd ei ceisiadau

i luosi, fel cynwysyddion bwyd ffoil preformed a oedd yn

lansio gyntaf yn 1948. Heddiw, mae alwminiwm ffoil-yn llachar

lliwiau, printiedig, boglynnog, neu lamineiddio-ym mhobman.

Blinds VENETIAN

Bleindiau Fenisaidd a bleindiau estyll yn rhai o'r mwyaf

a ddefnyddir yn gyffredin bleindiau ffenestri. Gellir eu gwneud o

plastig, metel, bambŵ, neu hyd yn oed bren, gyda'r estyll

gosod un ar ben y llall. Fel rhaffau neu dapiau atal

y llenni, gall pob estyll llorweddol eu cylchdroi yn y

un pryd mewn ffordd fel bod un estyll yn gorgyffwrdd â'r

eraill. Mae hyn yn helpu i reoli faint o olau sy'n llifo

i mewn i'r ystafell. Rhaffau lifft ychwanegol pasio drwy bob

estyll llorweddol help i godi a gostwng y bleindiau. Mae'r estyll

Gall lled yn amrywio, gyda 25 mm yw'r mwyaf cyffredin

lled a ddefnyddir.

Gall y dall Fenisaidd yn cael ei olrhain yn ôl i ganol y 18fed

ganrif, ond mae llawer o'i hanes cynnar yn seiliedig ar ddyfalu.

Er bod credyd cofnodion patent Gowin Knight ac Edward

Beran Lloegr gyda dyfeisio bleindiau Fenisaidd, mae'n

Credir bod y Ffrancwyr yn defnyddio bleindiau hyn cyn

iddynt. Fodd bynnag, cyfeiriodd y Ffrangeg i'r bleindiau rhain fel les

Persiennes, gan awgrymu tarddiad Asiaidd. Mae rhai cyfrifon

awgrymu bod y Venetians, a oedd yn masnachwyr, a ddysgwyd

am y bleindiau hyn o'r Persiaid, ac roedd y

Gaethweision Fenisaidd pwy a'u cyflwynodd yn Ffrainc.

Yn 1761, Eglwys Sant Pedr yn Philadelphia daeth yr adeilad cyntaf yn yr Unol Daleithiau i gael eu gosod gyda Fenisaidd

bleindiau. John Webster yn cael ei gredydu â bod y person cyntaf yn yr Unol Daleithiau i ddefnyddio a gwerthu bleindiau Fenisaidd yn

Ymddangosodd 1767. Bleindiau Fenisaidd yna yn y 1787 paentio

gan JL Gerome Ferris, o dan y teitl Ymweliad Paul Jones i

Confensiwn Cyfansoddiadol. Darluniau eraill yn dangos

Bleindiau Fenisaidd yn Neuadd Annibyniaeth yn Philadelphia

ar adeg llofnodi'r Datganiad yr Unol Daleithiau

Annibyniaeth.

Rhwng y 19eg ganrif a dechrau'r 20fed ganrif, mae'r rhan fwyaf swyddfa

adeiladau yn yr Unol Daleithiau dechreuodd ddefnyddio Fenisaidd

bleindiau er mwyn rheoli llif o olau yn eu gweithleoedd.

Yn ystod y 1930au, yr Adeilad Radio City Hall Music

a daeth Adeilad Empire State yn Ninas Efrog Newydd

y swyddfa fodern fawr gyntaf cyfadeiladau i ddefnyddio Fenisaidd

bleindiau ar gyfer eu ffenestri. Mae'r Burlington Fenisaidd Deillion

Co o Burlington, Vermont, yn cael ei gredydu â chyflenwi

y gorchymyn unigol mwyaf ar gyfer bleindiau Fenis, a oedd yn

a ddefnyddir i dalu am y 6,500 ffenestri, lledaenu dros 102 lloriau,

y cyfan Adeilad Empire State.

Concrid cyfnerth

Mae'r concrid gair yn dod o'r gair Lladin concretus

sy'n golygu compact neu tew. Concrid cyfnerth

yn cynnwys atgyfnerthu strwythurau gyda cryfder tynnol uchel,

megis bariau dur yn gwrthweithio'r cryfder tynnol isel

ac elastigedd o goncrid arferol. Mae'r strwythurau hyn yn

hymgorffori yn concrid newydd cyn iddo galedu.

Concrete wedi cael ei ddefnyddio ar gyfer adeiladu ers Rhufeinig

amser. Ond nid concrit cynnar ei atgyfnerthu ac roedd iawn

cryfder tynnol isel. Nid yw'n hysbys gyda sicrwydd sydd

y dyfeisiwr o atgyfnerthu oedd ond adeiladu

rowboats bach gan Jean-Louis Lambot yn y 1850au cynnar

all fod yn enghraifft lwyddiannus gyntaf. Lambot, ffermwr,

atgyfnerthu ei cychod gyda bariau haearn a rwyll wifrog. Mae hefyd yn

Bwriedir defnyddio'r deunydd ar gyfer adeiladu adeiladau.

Yn 1854, plastrwr, William Wilkinson o Newcastle-upon-

Tyne, Lloegr, a adeiladwyd bwthyn gwas deulawr bach, yn

atgyfnerthu y llawr concrid a tho gyda bariau haearn

a rhaff gwifren, a patent y math hwn o adeiladu yn

Lloegr. Adeiladwyd Wilkinson nifer o strwythurau o'r fath, sy'n cael eu

yn aml yn ystyried yr adeiladau concrid cyfnerth cyntaf.

Roedd Joseph Monier garddwr o Baris a wnaeth potiau gardd a thybiau o goncrid wedi'i atgyfnerthu â rhwyll haearn.

Dangoswyd ei ddyfais yn Arddangosfa Paris o 1867.

Mae hefyd yn hyrwyddo concrid cyfnerth i'w defnyddio mewn rheilffordd

sy'n cysgu, pibellau, lloriau, bwâu, a phontydd ond byth

deall yr egwyddor yn gweithredu o atgyfnerthu.

Yr adeiladwr Ffrengig Francois Coignet oedd y cyntaf i

defnyddio concrid cyfnerth mewn adeiladau ar raddfa fawr. Roedd

Dechreuodd arbrofi gyda concrid cyfnerth-haearn yn

1852. Flwyddyn yn ddiweddarach, adeiladodd dŷ pedwar llawr yn gyfan gwbl

o goncrid wedi'i atgyfnerthu yn St Denis, un o faestrefi gogleddol

Paris. Mae'r adeilad nodedig yn dal i sefyll.

Yn 1879, prynodd GA Wayss yr hawl ar Monier yn

system ac arloesi adeiladu concrid atgyfnerthu yn

Almaen ac Awstria. Ernest Ransome o San Francisco,

California, patent system yn 1884 a oedd yn arfer dirdro

rhodenni sgwâr i wella'r bond rhwng y concrid

a'r atgyfnerthu ac yn ei ddefnyddio ar gyfer nifer o adeiladau mawr.

Francois Hennebique Paris hefyd wedi dechrau i adeiladu

atgyfnerthu tai concrid gan y 1870au hwyr. Yn 1892, fe

patent y system Hennebique adeiladu a dechreuodd

i sefydlu masnachfreintiau mewn dinasoedd mawr. Mae ei system fodiwlaidd

colofnau a thrawstiau cyfuno i mewn i un monolithig

elfen a oedd yn bennaf gyfrifol am y twf cyflym

o atgyfnerthu adeiladu concrid yn Ewrop.

CARDIAU CYFARCH

Hallmark Cardiau a Cyfarchion Americanaidd yw'r mwyaf

gynhyrchwyr cardiau cyfarch yn y byd. Amcangyfrifir

bod person yn y DU yn unig yn anfon cardiau 55 y flwyddyn ar

ar gyfartaledd, gan wneud cardiau cyfarch biliwn o bunnoedd-a-blwyddyn

busnes. Yr arfer o anfon dyddiadau cardiau cyfarch

yn ôl i'r Tseiniaidd hynafol sy'n cyfnewid negeseuon

o ewyllys da i ddathlu'r Flwyddyn Newydd ac i'r cynnar

Eifftiaid oedd yn cyfleu eu cyfarchion ar papyrus

sgroliau.

Cardiau cyfarch papur wedi'u gwneud â llaw yn cael eu cyfnewid yn

Ewrop yn gynnar yn y 15fed ganrif. Roedd yr Almaenwyr yn hysbys

i wedi argraffu cyfarchion y Flwyddyn Newydd o doriadau pren fel

gynnar â 1400, a Valentines papur wedi'u gwneud â llaw yn bod yn

cyfnewid mewn gwahanol rannau o Ewrop yn y dechrau a chanol-

15fed ganrif.

Erbyn y 1850au, y cerdyn cyfarch wedi cael ei thrawsnewid o

yn gymharol ddrud, wedi'u gwneud â llaw a llaw-gyflwyno

rhodd i ddull poblogaidd a fforddiadwy o personol

cyfathrebu. Lansiwyd y tueddiadau newydd fel arbennig

cynllunio cardiau Nadolig gan Syr Henry Cole yn Llundain yn

1843, cyhoeddiad cyntaf o gardiau Valentine yn y Deyrnas Unedig

Yn datgan gan Esther Howland yn 1849, ac mae cwmnïau megis Ward Marcus & Co, Goodall, a Charles Bennett massproducing

cardiau cyfarch yn y 1860au. Fodd bynnag, Louis

Prang yn cael ei gredydu yn gyffredinol gyda dechrau'r cyfarchiad

diwydiant cerdyn yn America ym 1856. Yn y 1870au cynnar,

Dechreuodd Prang gyhoeddi rhifynnau moethus y Nadolig

cardiau, a oedd yn dod o hyd i farchnad yn barod yn Lloegr. Ym 1875,

cyflwynodd y llinell gyflawn gyntaf o gardiau Nadolig

i'r cyhoedd yn America.

Mae nifer o brif gyhoeddwyr cardiau cyfarch heddiw,

a oedd yn canolbwyntio mwy ar y teimlad a fynegir na

ar ddarluniau, a sefydlwyd tua 1906. Maent yn

arloesol pwysig gyflwynwyd mewn prosesau argraffu,

dechnegau celf, a thriniaethau addurnol ar gyfer cyfarch

cardiau. Lithograffeg Lliw (1930) yn un arloesi o'r fath.

Yn ystod yr Ail Ryfel Byd, y cerdyn cyfarch Americanaidd

diwydiant yn cyfuno eu hadnoddau i helpu'r llywodraeth

gwerthu rhyfel-bondiau a darparu cardiau i filwyr lleoli

dramor. Mae'r cyfnod hwn hefyd yn nodi dechrau ei

berthynas agos â'r Unol Daleithiau ZIP Gwasanaeth ar.

Cardiau cyfarch Humorous, a elwir fel cardiau stiwdio, daeth

boblogaidd yn niwedd y 1940au a'r 1950au. Gyda dyfodiad

Rhyngrwyd electronig-gardiau, e-gardiau bellach wedi dod yn

boblogaidd iawn.

LLYFRAU clawr meddal

Mae clawr meddal, a elwir hefyd yn meddal neu Softcover, yn

nodweddu gan bapur neu bwrdd papur clawr trwchus

dal at ei gilydd gyda glud yn hytrach na pwythau neu styffylau.

Llyfrau Rhad rhwymo yn y papur wedi bodoli ers o

o leiaf y 19eg ganrif fel pamffledi, yellowbacks, dime

nofelau, a nofelau maes awyr. Mae'r rhan fwyaf clawr meddal modern yn

dosbarthu i 'farchnad dorfol' neu clawr meddal 'masnach'.

Cyhoeddwr Almaeneg Albatross Llyfrau arloesi yr 20fed

farchnad dorfol fformat clawr meddal ganrif yn 1931, ond

Torri Rhyfel Byd II yr arbrawf byr. Ym 1935, Prydeinig

lansio cyhoeddwr Allen Lane Llyfrau Penguin

argraffnod gyda deg o deitlau adargraffiad. Mabwysiadodd y argraffnod llawer

o arloesiadau Albatross ', gan gynnwys logo amlwg

a gorchuddion ar gyfer gwahanol genres lliw-godio, ac roedd yn

llwyddiant ariannol ar unwaith. Penguin Books hanfod

dechreuodd y chwyldro clawr meddal yn y Saesneg

farchnad lyfrau. Rhif un ar y rhestr gyntaf erioed Penguin o llyfrau ym 1935 oedd Ariel André Maurois '.

Lane yn awyddus i gynhyrchu llyfrau rhad. Prynodd

hawliau clawr meddal o gyhoeddwyr, archebu print bras

rhedeg, tua 20,000 o gopïau, ac yn edrych ar gyfer nad ydynt yn draddodiadol

leoliadau manwerthu i gadw prisiau uned isel. Llyfrwerthwyr ar y dechrau yn amharod i brynu ei lyfrau, ond pan Woolworths

gosod archeb fawr, y llyfrau a werthwyd yn eithriadol o dda. Ar ôl

y llwyddiant cychwynnol, llyfrwerthwyr mwyach yn amharod

i clawr meddal stoc.

Yn 1939, Robert de Graaf yr Unol Daleithiau mewn partneriaeth

gyda Simon & Schuster i greu'r label Pocket Books. Mae'r

llyfr poced dymor yn fuan daeth yn gyfystyr â clawr meddal

yn Saesneg eu hiaith Gogledd America. De Graaf, fel Lane,

hawliau clawr papur a gafwyd oddi wrth gyhoeddwyr eraill a

cynhyrchu nifer o rediadau. Er mwyn dod i hyd yn oed yn ehangach

farchnad agored na'r Lane, ei fod yn defnyddio'r rhwydweithiau dosbarthu

papurau newydd a chylchgronau, a oedd â hanes maith

o gael eu hanelu at gynulleidfaoedd torfol. Roedd hwn yn ddechrau

o clawr meddal farchnad dorfol. Clawr meddal masnach, sy'n

dosbarthu gan gyfanwerthwyr llyfrau a dosbarthwyr, roedd

lansio tua'r un adeg.

Horizon Coll james Hilton yn cael ei nodi'n aml fel y cyntaf

Llyfr clawr papur America oherwydd ei un rhif

sefyllfa yn yr hyn a rhestr hir iawn o argraffiadau poced.

Ond mae'r farchnad dorfol,, llyfr clawr papur maint poced cyntaf

hargraffu yn yr Unol Daleithiau oedd argraffiad o Pearl Buck The Good

A gynhyrchwyd gan Pocket Books fel cysyniad prawf-o-ar y ddaear

hwyr yn 1938 a'i werthu yn Ninas Efrog Newydd. Yn 1960, gwerthiannau o llyfrau clawr papur yn gyntaf rhagori ar y rhai o hardcovers.

Flashlights

Dyfeisio Ffrancwr George Leclanché y batri cell gwlyb

yn 1866 . Roedd yn cynnwys asid a allai orlifo os anghyfreithlon drosodd.

Yn 1888 , gwyddonydd Almaeneg, Dr Carl Gassner , encased

y gell gwlyb mewn cynhwysydd wedi'i selio sinc , gan greu y cyntaf

cludadwy batri - y gell sych. Ym 1896 , cell sych gwell

ei ddyfeisio , gan ddefnyddio electrolyt past yn hytrach na hylif .

Yn y cyfamser , Joseph Swan yng Nghymru a Thomas Edison

yn America wedi dyfeisio y golau gwynias modern

bwlb yn 1879 . celloedd sych a bylbiau golau bach yn gwneud y

flashlights trydan cyntaf , a elwir hefyd yn ffaglau , y bo modd .

Yn 1898 , lansiodd y Cwmni Carbon Cenedlaethol math-D

batri cell sych , a oedd yn darparu digon o bŵer ar gyfer llaw

goleuadau cludadwy. Un o'r cynhyrchion cynnar bweru gan ei fod yn

pin gyda bwlb golau bach . Gwifrau cysylltiedig y bwlb

i fatri , a gafodd ei guddio mewn poced neu y tu ôl sgarff .

Pan pwyso ar y gwisgwr switsh , y bwlb fflachio . defnyddwyr

defnydd ymarferol darganfod yn fuan ar gyfer ddyfais hon fel

darllen mewn bwytai neu theatrau tywyll .

Am flynyddoedd lawer, mae'r enw blaenllaw yn flashlights yn

EVEREADY , yn wreiddiol Mae'r Americanaidd Trydanol Newydd-deb a

Gweithgynhyrchu Company. Mae mewnfudwr Rwsia , Conrad

Hubert , dechrau arni yn Ninas Efrog Newydd , yn 1898 . Dechreuodd David Misell , dyfeisiwr Saesneg , yn gweithio i Hubert yn 1897. Yn

1899 , cwmni Hubert yn cael patent ar gyfer trydan

ddyfais. Mae'r ddyfais hon , a gynlluniwyd gan Misell , yn edrych yn llawer fel flashlight modern . Cafodd ei bweru gan D - batris a osodwyd

blaen i'r cefn mewn tiwb papur gyda bwlb golau a

adlewyrchydd pres garw ar un pen . Mae'r cwmni yn rhoi

rhai o'r dyfeisiadau hyn i'r heddlu Dinas Efrog Newydd, sy'n

ymateb yn ffafriol iddynt. Ym 1903 , patent Hubert

flashlight gyda switsh ymlaen / i ffwrdd mewn silindrog modern

casing sy'n cynnwys y lamp a batris .

Mae'r rhain yn flashlights cynnar yn rhedeg ar fatris sinc - garbon , sy'n

Ni allai roi cerrynt trydan cyson a bod angen

cyfnodol yn gorwedd i yn parhau i weithredu . Maent hefyd yn defnyddio

bylbiau ffilament carbon - ynni - aneffeithlon , a oedd yn golygu

bod yn rhaid i'r seibiau i fod yn gyffredin . Felly , gallent fod yn

ddefnyddio dim ond mewn fflachiau byr , gan arwain at y tymor flashlight .

Datblygiad y lamp ffilament twngsten - o gwmpas

1906 , gyda thair gwaith effeithiolrwydd ffilamentau carbon

a batris gwella, gwneud flashlights mwy defnyddiol

a phoblogaidd. Erbyn 1922 , llaw , llusern , a chwilolau

fersiynau ar gael . Gwyn pwerus a dibynadwy

LEDs am y tro cyntaf yn 1999 gan y Lumileds

Gorfforaeth o San Jose , California . Mae'r rhain bellach

ailosod bylbiau gwynias mewn flashlights .

BANKS Piggy

Yn ystod yr Oesoedd Canol , metel oedd yn ddrud ac yn

anodd dod o hyd ledled Ewrop . O ganlyniad , teuluoedd

defnyddio clai i greu gwahanol potiau cartref, jariau , powlenni ,

a basnau ymolchi . Mewn Saesneg Canol, pygg cyfeirio at

math o glai oren a ddefnyddir yn gyffredin ar gyfer gwneud y fath

eitemau . Mae pobl yn aml yn arbed arian mewn potiau cegin a

jariau gwneud o pygg , a elwir yn jariau pygg . Llafariaid yn gynnar

Roedd Saesneg gwahanol synau nag y maent yn ei wneud heddiw, felly

yn ystod yr amser y Sacsoniaid , byddai'r gair pygg

wedi cael eu ynganu Pwtyn . Ond wrth ynganu

'y' newid o ' u ' i ' i, ' pygg daeth yn y pen draw i

yn cael ei ynganu fel mochyn . Efallai gyd-ddigwyddiad , yr Hen

Gair Saesneg ar gyfer moch, yr anifail fferm , yn picga , gyda

y gair Saesneg Canol esblygu i mewn i pigge , o bosibl

oherwydd y ffaith bod yr anifeiliaid rholio o gwmpas mewn

mwd pygg a baw .

Yn ystod y 200-300 mlynedd nesaf,

Daeth clai (pygg) a'r anifeiliaid (pigge) i'w ynganu

yr un fath ac Ewropeaid yn araf anghofio bod pygg unwaith

cyfeirio at y potiau llestri pridd , jariau , a chwpanau . Erbyn y

18fed ganrif , sillafu pygg wedi newid ac roedd

jar pygg tymor wedi esblygu i fanc mochyn . Felly , yn y 19eg ganrif

ganrif , pan gafodd crochenwyr Saesneg geisiadau ar gyfer banciau pygg , maent yn dechrau cynhyrchu banciau siâp

moch . Mae'r pun gweledol clyfar yn apelio at gwsmeriaid a

plant bodd . Unwaith y bydd yr ystyr wedi trosglwyddo

o'r sylwedd i'r siâp, dechreuodd banciau neidio i

yn cael eu gwneud o sylweddau eraill, gan gynnwys gwydr, ceramig,

porslen , plastr , a phlastig .

Mae damcaniaeth arall yw bod yn yr Almaen ac o amgylch

wledydd, mae'r mochyn yn symbol o lwc dda. Roedd yn credu

y byddai cadw arian mewn banc siâp mochyn yn dod â

lwc dda . Yn y Flwyddyn Newydd , hyn a elwir yn moch lwcus yn dal i fod

cyfnewid fel rhoddion yn yr Almaen .

Nid yw Ewropeaid Western oedd yr unig rai sy'n gwneud neidio

banciau. Yn Japan , mae'r Maneki Neko , neu gath arian , yn aml

gosod yn y cartref i helpu i ddod â lwc dda a ffortiwn

i'r aelwyd . Nekos Maneki yn cael eu defnyddio'n aml fel rhyw fath

o -mi-gei , yn dal arian mân ac arian ar gyfer y

teulu. Hyd yn oed yn fwy diddorol , gwir banciau neidio cyntaf ,

banciau terracotta ar ffurf foch gyda slotiau ar y brig

ar gyfer adneuo darnau arian, eu gwneud yn Java mor bell yn ôl â'r

14eg ganrif. Mae'r celengan tymor Indonesia , sy'n golygu ' fel

baedd gwyllt ' , yn cael ei ddefnyddio i ddisgrifio banciau domestig hyn .

BANDIAU RWBER

Mae band rwber , a elwir hefyd fel rhwymwr , mae elastig neu

band elastig , band was bach , band laggy , band lacka , neu

gumband , yn darn byr o rwber yn y ffurf

dolen sy'n cael ei ddefnyddio yn gyffredin i ddal gwrthrychau lluosog

gyda'i gilydd . Maent hefyd yn cael eu defnyddio i bweru model bach

awyrennau .

Ym 1839 , dyfeisio Charles Goodyear a enwir Americanaidd

y broses o fwlcaneiddio a ddefnyddir o hyd i wneud

rwber modern. Ar 17 Mawrth, 1845 , a dyfeisiwr Prydeinig

a dyn busnes a enwir Stephen Perry patent y

bandiau rwber cyntaf a wneir o rwber fylcaneiddio . Perry

gorfforaeth , Mri Perry and Co , Cynhyrchwyr Rwber

Llundain , wedi gwneud amrywiaeth o gynhyrchion rwber fylcaneiddio .

Ddyfeisiodd Perry y band rwber i ddal papurau neu

amlenni gyda'i gilydd . Yn ddiddorol , dyfeisiwr arall, Dr

Jaroslav Kurash , a ddyfeisiwyd ar wahân ac patent y

band rwber yn yr un flwyddyn , ar yr un diwrnod .

Bandiau rwber yn gyntaf masgynhyrchu gan William H.

Spencer ar 7 Mawrth, 1923 , yn Alliance , Ohio . Roeddent yn

a wnaed yn ei islawr o hems torri o daflu

cynhyrchion rwber , fel tiwbiau mewnol a wrthodwyd o

Cwmni Goodyear . Spencer , yn brakeman gyfer y Pennsylvania Railroad , dechreuodd werthu ei bandiau rwber

i siopau swyddfa cyflenwad a phapur a llinyn allfeydd. Mae ei

Daeth cyfle mawr pan sylwodd copïau o The Akron

Beacon Journal chwythu ar draws lawntiau . Perswadiodd y

papur newydd i rwymo ei gynnyrch gyda'i bandiau rwber

a daeth y papur newydd cyntaf yn y byd i wneud hynny

ar gyfer dosbarthu i'r cartref . Mae hefyd yn perswadio groser i ddefnyddio ei

bandiau rwber yn eu lle o linyn i sicrhau'r bwyd.

Parhaodd Spencer gweithio i'r rheilffordd am 14 mlynedd

tra'n adeiladu busnes rwber - band yn ei Alliance

planhigion. Heddiw , mae ei Cwmni Rwber Gynghrair yw'r mwyaf

cynhyrchydd o fandiau rwber yn y byd . Mae'n gwneud 17.3

biliwn bandiau rwber y flwyddyn, yn ogystal â swyddfa arall ,

bostio a chynhyrchion pecynnu . Mae ei gynhyrchion yn cael eu gwerthu mewn

mwy na 30 o wledydd . Bu farw Spencer yn 1986 , 94 oed.

Oeddech chi'n gwybod ?

Byddai pobl yn y DU yn cwyno am postmyn sbwriel

drwy daflu i ffwrdd y bandiau rwber a ddefnyddir i gadw post gyda'i gilydd . Yn 2004 , cyflwynodd y Post Brenhinol bandiau coch ar gyfer

eu gweithwyr . Maent yn hawdd i weld a dim ond y Royal

Defnyddio Mail nhw. Roedd hyn yn gwneud y gweithwyr yn teimlo bod yn rhaid

i godi bandiau eu bod wedi gollwng, sydd i raddau helaeth

datrys y broblem . Ar hyn o bryd , tua 342,000,000 coch

bandiau yn cael eu defnyddio bob blwyddyn .

clociau taid

Clociau daid, a elwir yn briodol clociau longcase , yn cael eu

tal , annibynnol , clociau pendil sy'n cael ei gyrru pwysau gyda

y pendil a gynhaliwyd y tu mewn i'r achos. Taid termau ,

mam-gu , ac wyres i gyd wedi cael eu defnyddio at

longcase clociau . Y consensws cyffredinol yn ymddangos i fod bod

cloc byrrach na 5 troedfedd yn wyres , rhwng 5 a

6 troedfedd yn fam-gu a thros 6 troedfedd yn daid. Mae'r rhan fwyaf

clociau longcase taro'r amser ar bob awr neu ffracsiwn

awr . Roedd yn gwneuthurwr cloc Prydeinig William Clement

a gynhyrchodd y clociau longcase cyntaf tua 1680 .

Wrth i'r stori yn mynd, cloc longcase arbennig ei osod

yn y lobi y George Hotel yn Piercebridge , Gogledd

Swydd Efrog , Lloegr , lle mae'n dal i sefyll heddiw . Roedd yn

dywedir ei fod yn eithriadol o gywir. Roedd perchnogion y gwesty yn

pâr o baglor , y brodyr Jenkins. Pan fydd un o'r

Bu farw brodyr , y cloc yn flaenorol gywir rhyfedd

Dechreuodd colli amser . Ar y dechrau ei fod ar goll 15 munud y dydd , ond pan roddodd nifer o clocksmiths gorau i geisio atgyweirio'r

trafferthion cloc , yr oedd yn colli mwy nag awr bob

dydd. Ar ôl marwolaeth y brawd arall , y cloc stopio

rhedeg yn gyfan gwbl. Mae'r rheolwr newydd y gwesty byth

ceisio i gael ei drwsio . Mae'n dim ond ei adael yn sefyll mewn

cornel heulog y lobi , ei dwylo gorffwys yn y safle y maent yn cymryd yn ganiataol hyn o bryd y bu farw'r brawd
Jenkins diwethaf.

Mae tua 1875 , yn gyfansoddwr Americanaidd o'r enw Henry

Ddigwyddodd Clay Gwaith i'w aros yng Ngwesty'r George

yn ystod taith i Loegr. Dywedwyd wrtho hanes yr hen

ac ar ôl gweld ei gyfer ei hun , penderfynodd cloc i gyfansoddi

cân am y peth . Daeth y gwaith yn ôl i America a chyhoeddi

y geiriau i'r gân hon , Cloc fy nhad-cu , yn 1876 . Mae'r

Roedd cân yn llwyddiant mawr , gwerthu dros filiwn o gopïau o daflen

cerddoriaeth, a boblogeiddio y cloc taid tymor . yma

yw'r pennill cyntaf a chytgan o'r gân :

Cloc fy nhad-cu yn rhy fawr ar gyfer y silff ,

Felly, yr oedd naw deg mlynedd ar y llawr ;

Roedd yn dalach hanner na'r hen dyn ei hun ,

Er ei fod yn pwyso nid pennyweight mwy.

Fe'i prynwyd ar y bore y dydd y cafodd ei eni,

Ac roedd bob amser ei drysor a balchder ;

Ond mae'n stopp'd byr - byth i fynd eto - pan fu farw yr hen ddyn.

CYTGAN

Naw deg mlynedd heb cysgu (tic , ticiwch , ticiwch , ticiwch) ,

Mae ei eiliadau bywyd rhifo (tic , ticiwch , ticiwch , ticiwch) ,

Mae'n stopp'd byr - byth i fynd eto - pan fu farw yr hen ddyn.

Cryno-Ddisgiau

Yn 1974 , mae'r cwmni electroneg Philips , a leolir yn

Eindhoven , Yr Iseldiroedd , dechreuodd i ddatblygu

disg sain optegol gyda sain o ansawdd gwell na'r

Yna, recordiau finyl dominyddol. Maent yn fuan penderfynu defnyddio

fformat digidol . Ym 1977 , dechreuodd Philips labordy i

fasnacheiddio eu technoleg. Maent yn dewis y term

cryno ddisg , ac mae ei maint, 11.5 cm , i gyd-fynd arall

Philips gynnyrch - y casét compact .

Yn y cyfamser , Sony , yn seiliedig yn Japan , roedd yn gyhoeddus

dangos disg sain digidol optegol ym mis Medi

1976. Yn 1978, maent yn datblygu ddisg gyda manylebau

debyg i'r CD modern. Yn 1979, y ddau gwmni

Penderfynodd i gyfuno eu hymdrechion a sefydlu tasg ar y cyd

gorfodi i gwblhau datblygiad y dechnoleg . Ar ôl

flwyddyn, mae'r tasglu a gynhyrchir y safon Llyfr Coch CD ,

sy'n cael ei ddilyn hyd heddiw . Cyfrannodd Philips y

broses weithgynhyrchu cyffredinol , yn seiliedig ar y hŷn

LaserDisc , a'r dechneg modiwleiddio sain, tra

Cyfrannodd Sony algorithm gwall -gywiro .

Nid oedd y CD ei groesawu gan bawb . y prif

Cofnod Americanaidd labeli - CBS, Warner , ac RCA - eisiau

i gadw gwerthu recordiau finyl . Fodd bynnag, hyd yn oed wedyn , nid yw pawb eisiau finyl . Yr arweinydd enwog Herbert

Roedd von Karajan yn eiriolwr fawr o'r CD . dywedodd

ei gefnogaeth ar gyfer y system newydd a cherddoriaeth cymharu ar cofnodion traddodiadol i oleuadau nwy darfod.

Mae'r CD prawf cyntaf ei wasgu gan Polydor ger Hannover ,

Yr Almaen , ac a gynhwysir Richard Strauss Eine Alpensinfonie

(Mae Symffoni Alpaidd) , fel y chwarae gan y Ffilharmonig Berlin

ac a gynhelir gan von Karajan . Ym mis Awst 1982, Polygram

rhyddhau y cyntaf masnachol CD - ABBA yn 1981 albwm -

Ymwelwyr . Ar 2 Mawrth, 1983 , chwaraewyr CD eu rhyddhau yn

yr Unol Daleithiau a marchnadoedd eraill.

Gwneud yn ofynnol i'r CD datblygu pecyn newydd

a fyddai'n amddiffyn ei wyneb sensitif rhag difrod . Mae'n

hefyd wedi cynnal llyfryn ac yn gallu awtomatig

cynulliad . Dimau ar Polygram yn yr Almaen a'r

Dyfeisio Iseldiroedd pecyn tri - darn addas a wnaed

o blastig (polystyren) . Mae'r prototeip mor flawless

ei bod yn llysenw Achos Jewel . Mae'n parhau i fod yn

safon byd ar gyfer CD pecynnu .

Heddiw CDs yn cael eu defnyddio i storio data yn ogystal â cherddoriaeth . newer

fformatau fideo fel DVD a Blu-ray hefyd yn defnyddio'r

un geometreg corfforol y CD . Ond gyda'r diweddar

poblogrwydd MP3s , gwerthu CDs yn lleihau.

Styrofoam / THERMOCOL

Polystyren yn blastig caled a chlir a oedd yn ddamweiniol

darganfod yn 1839 gan Eduard Simon , apothecari yn

Berlin. Roedd wedi distyllu sylwedd olewog o storax ,

y resin y goeden sweetgum Twrcaidd , ei fod yn enwyd

styrol . Mae nifer o diwrnod yn ddiweddarach , gwelodd Simon fod y styrol wedi

dewychu i mewn i jeli . Yn 1866 , fferyllydd Marcelin Berthelot

darganfod bod y newid hwn o ganlyniad i Polymerization o

styren , mae petrocemegol hylif a geir mewn storax , ac mae'r

Daeth sylwedd a elwir yn polystyren .

Ym 1941 , rwber yn brin oherwydd y Byd

Rhyfel II ac ymchwilwyr yn y Dow Cemegol Cwmni

Ffiseg Lab yn ceisio datblygu hyblyg , rwber -fel

ynysydd trydanol. Arweinydd tîm un - dydd Otis McIntire

ceisio cyfuno styren gyda isobutylene , a gyfnewidiol

hylif , o dan bwysau. Er syndod iddo , y isobutylene

swigod bach eu ffurfio o fewn y styren , gan greu newydd

sylwedd a oedd yn 30 gwaith yn ysgafnach ac yn fwy hyblyg na

polystyren solet. Roedd hefyd yn rhad ac lleithder

gwrthsefyll. Mae'r polystyren allwthiol Mabwysiadwyd yn gyflym

gan y Coast Guard Unol Daleithiau ar gyfer defnyddio mewn rafft bywyd chwe - ddyn. yn fuan

llawer o geisiadau eraill yn ystod y rhyfel dilyn. Dow patent

y deunydd fel Styrofoam yn 1944 ac yn ei gyflwyno i

y farchnad sifil ym 1954 . Heddiw mae'n cael ei ddefnyddio yn bennaf ar gyfer inswleiddio adeiladau a chelf a chrefft .

Pan polystyren yn agored i asiant nwyol chwiban ,

mae'n ffurfio sylwedd ddefnyddiol arall a elwir yn ehangu

polystyren (EPS) . EPS yn cynnwys polystyren ewynnog bach

gleiniau sy'n cynnwys miliynau o swigod aer eu dal . Mae'r rhain yn gall

ei fowldio i mewn i inswleiddio cryf, ysgafn ac yn thermol

solet o'r enw sy'n cael ei hefyd yn Thermocol , enw a gyflwynwyd gan y

Almaeneg cwmni cemegol BASF yn 1951 .

Yn 1954 , roedd y KOPPERS Company Inc Pittsburgh ,

Pennsylvania , a ddatblygwyd EPS ewyn . Ym 1957 , roedd y cwyr

Ffeilio Paper Company o Chicago , Illinois , y patent cyntaf

ar gyfer cwpanau polystyren . Roeddent yn honni bod eu dull

Gallai gwneud cwpanau y gellid eu cynnal yn gyfforddus ' hyd yn oed

er bod dŵr berwedig yn cael ei arllwys i mewn i'r gwpan . ' Fodd bynnag, mae'n

Dim ond yn 1970 y Cwmni KOPPERS gyflwynwyd

cwpanau ewyn modern. Roedd eu cwpanau waliau tenau , llai na

ddwywaith y diamedr y gleiniau , a thermol rhagorol

eiddo inswleiddio. Maent yn fuan daeth yn boblogaidd ar gyfer boeth

diodydd . Cynwysyddion EPS takeout , oeryddion picnic , diwydiannol

pecynnu, a cheisiadau eraill yn dilyn . Fodd bynnag,

ers Styrofoam yn sylwedd trademarked a ddefnyddir yn bennaf

ar gyfer inswleiddio adeiladu , yn fanwl gywir , nid oes y fath

beth â cwpan Styrofoam ! Byddai cwpan EPS fod yn fwy

enw cywir .

CHAPPALS fflip-fflops / HAWAII

Fflip -fflops yn cael eu elwir hefyd yn zōri (Japan) , thongs

(Awstralia) , jandals (Seland Newydd) , chappals Hawai (India

a Phacistan) , a llawer o enwau eraill ledled y

byd. Mae'r enw fflip - fflop tarddu o sŵn

sandalau hyn yn ei wneud wrth gerdded .

Sandalau Thong wedi cael eu gwisgo ers miloedd o flynyddoedd.

Lluniau ohonynt yn digwydd mewn murluniau Aifft hynafol o

4,000 CC . Mae'r enghreifftiau hynaf sydd wedi goroesi yn cael eu gwneud o papyrus gadael tua 1,500 CC ac yn awr yn y

Amgueddfa Brydeinig . Fflip -fflops cynnar yn cael eu gwneud o lawer o

deunyddiau megis papyrws a dail palmwydd (Yr Aifft) , cuddio amrwd

(Kenya) , pren (India) , gwellt reis (Tsieina a Siapan) , sisal

dail (De America) , ac mae'r planhigyn yucca (Mexico) .

Hefyd, roedd fflip - fflops o wahanol wareiddiadau sy'n wahanol

swyddi ar gyfer y strap blaen . Roedd y Groegiaid hynafol yn ei gosod

rhwng y bysedd traed cyntaf a'r ail , roedd yn well y Rhufeiniaid

yr ail a'r trydydd , tra bod y Mesopotamians dewis

y trydydd a'r pedwerydd . Mae'r Siapan wedi bod yn gwisgo

sandalau zōri ers o leiaf y cyfnod Heian (794-1185

AD) . Mae'r fflip - fflop modern ei gyflwyno yn y Deyrnas Unedig

Yn datgan pan milwyr yn dod yn ôl zōri gyda nhw ar ôl

Rhyfel Byd II o Siapan fel cofroddion . Daethant yn boblogaidd yn ystod y 1950au . Fflip -fflops mor

hawdd i wneud y daethant yn y cynnyrch cyntaf i fod yn

a lansiwyd gan lawer o gwmnïau Siapan yn ystod eu swydd -

Adferiad economaidd rhyfel . Mitsubishi prynu llawer o'r

Daeth busnesau hyn ac yn allforiwr cynnar mawr flipflops .

Roedd gan y rhan fwyaf o fflip -fflops cynnar gwadnau rwber ac roeddent yn

fel a wnaed yn wael eu bod yn achosi pothelli ac nid oedd yn para

hir iawn. Yn y pen draw cwmnïau Siapan symud flipflop

cynhyrchu i Taiwan , Korea , ac yna i Tsieina i

lleihau costau .

Heddiw , fflip - fflops , fel jîns , wedi esblygu o'u rhad ,

tarddiad gweithio - dosbarth yn gwisgo bob dydd ac weithiau

hyd yn oed i ffasiwn uchel. Rhywfaint o gost cyn lleied â $ 1, tra

eraill serennog gyda crisialau Swarovski costio $ 150 neu fwy .

Yn 2011 , tra vacationing yn Hawaii , Barack Obama

Daeth y Llywydd Americanaidd cyntaf i gael ei llun

gwisgo fflip - fflops . Mae'r Dalai Lama hefyd yn hoff o fflip - fflops

ac yn aml yn eu gwisgo i achlysuron ffurfiol.

Oeddech chi'n gwybod ?

Mae dyluniad syml o fflip - fflops yn gyfrifol am lawer o droed

ac anafiadau goes isaf . Yn 2010 , yn y Deyrnas Unedig ,

aeth cymaint â 200,000 o bobl i'r ysbyty gyda fflip - fflop

anafiadau cysylltiedig. Mae'r anafiadau hyn yn costio Cenedlaethol Prydain

Gwasanaeth Iechyd £ 40,000,000 .

PLYWOOD

' Pren haenog , ' esboniodd Gwyddoniaeth Boblogaidd yn 1948 , 'yn

layercake o lumber a glud . ' Mae'n cynnwys haenau tenau ,

llai na 3 mm o drwch , o bren rhad sy'n cael eu gludo

gyda'i gilydd, gyda haenau cyfagos gael eu grawn ar y dde

onglau i'w gilydd . Draws graenio o'r fath yn bwysig iawn

ar gyfer cynyddu cryfder a gwydnwch o bren haenog .

Ddyfeisiodd y Eifftiaid math o bren haenog tua 3500

BC . Yn ystod prinder pren , maent yn dechrau haenau tenau gludo

pren drud ar ben baneli rhatach . Erbyn 1000 OC,

y Tseiniaidd yn eillio pren a gludo at ei gilydd i

gwneud dodrefn. Mae'r Saesneg , Ffrangeg ac Rwsiaid hefyd

deall yr egwyddor gyffredinol o bren haenog erbyn yr 17eg

ganrif a'r 18fed ganrif . Pren haenog cynnar fel arfer wedi'i wneud o

pren caled addurniadol a ddefnyddir ar gyfer dodrefn y cartref .

Y patent cyntaf ar gyfer pren haenog modern ei gyhoeddi yn 1865

i John K. Mayo o Dinas Efrog Newydd. Mayo yn deall y

egwyddor o groes graenio , ond byth yn fasnachol

ei ddyfais .

Yn 1905 , mae'r Cwmni Gweithgynhyrchu Portland , a bach

pren - blwch ffatri yn Portland , Oregon , dechreuodd

gweithgynhyrchu pren haenog o amrywiaeth o bren meddal fel y ffynidwydd Douglas leol . Maent yn defnyddio brwsys paent fel glud

chwalwyr a jaciau tŷ fel gweisg ac wedi creu nifer o

paneli i'w harddangos yn Ffair y Portland Byd y flwyddyn honno.

Mae eu bod yn denu llawer o ddiddordeb a diwydiant yn

eni. Tan tua 1919 , pren haenog cael ei adnabod hefyd fel graddfa

bwrdd , pren gludo , a phren adeiledig .

Diffyg gludiog gwrth-ddŵr yn dal i wneud pren haenog

anaddas ar gyfer defnydd yr awyr agored yn y tymor hir . Nid oedd yn nes

1934 fod Dr James Nevin , fferyllydd yng Harbor Pren haenog

Gorfforaeth yn Aberdeen , Washington , datblygu

glud gwbl dal dŵr. Erbyn diwedd y 1930au , yn dilyn

ystyried marchnata helaeth , pren haenog ef yn gryf

a deunydd gwydn ar gyfer adeiladu tai . Rhyfel byd

Gwelodd II iddo gael ei roi i lawer o ddefnyddiau - cewyll , cytiau eraill ,

barics , cychod torpedo , gleiderau , a badau achub yn rhai

ohonynt. Mae'r diwydiant wedi cadw tyfu ers hynny .

Yn 1982 , arloesodd Kitply Industries Limited y defnydd o

pren haenog dal dŵr yn India . Heddiw, mae'r deunydd yn aml

elwir yn syml kitply . Ond cyn hynny , mor gynnar â 1906 , India eisoes wedi dechrau mewnforio pren haenog . dau pren haenog

ffatrïoedd a ddechreuwyd yn Assam yn 1923-1924 , yn bennaf ar gyfer

gwneud cistiau te . Mae'r diwydiant ehangu'n gyflym yn ystod

Rhyfel Byd II a ffatrïoedd pren haenog gan ddefnyddio pren Indiaidd

eu sefydlu ar hyd a lled y wlad.

FANS ELECTRIC

Mae peiriannydd o New Orleans a enwir Schuyler Wheeler

ddyfeisiodd y ffan drydan cyntaf rhwng 1882 a 1886.

Roedd ganddo ddau llafnau ynghlwm wrth modur trydan, ond nid oes

cawell amddiffynnol. Mae'r Crocker a Curtis Electric Motor

Cwmni marchnata cynnyrch hwn yn fasnachol.

Cyflwyno Almaeneg -Americanaidd dyfeisiwr Philip H. Diehl

y gefnogwr nenfwd trydan. Roedd Diehl yn fewnfudwr o'r Almaen

a oedd yn gweithio ar gyfer y Singer Peiriant Gwnïo Company. yn

1882 gosod llafn gefnogwr ar modur peiriant gwnïo

ac ynghlwm i'r nenfwd , gan ddyfeisio y nenfwd

fan , y mae ef batent ym 1887 . Yn ddiweddarach , fel pennaeth Diehl

and Co , ychwanegodd gêm goleuni i'r gefnogwr nenfwd . Yn 1904 ,

ychwanegodd y cyd hollt - pêl , a oedd yn caniatáu y cyfeiriad

llif aer gael eu newid ; dair blynedd yn ddiweddarach , daeth hyn yn y

osgiliadu fan gyntaf.

Cefnogwyr trydan cynnar yn eithaf drud ac roeddent yn

ddefnyddio dim ond mewn swyddfeydd mawr neu gartrefi cyfoethog . y cyntaf cefnogwyr fforddiadwy eu gwneud o bob cwr o'r 1890au hwyr i

y 1920au cynnar. Roedd y rhan fwyaf ohonynt yn llafnau pres a chewyll .

Fodd bynnag, nid oedd bwriad y cewyll mewn gwirionedd i ddiogelu

y defnyddiwr , ond y llafnau gefnogwr drud . Yn wir , maent yn aml yn

Roedd agoriadau yn ddigon mawr ar gyfer plant roi eu dwylo y tu mewn , gan arwain at lawer o anafiadau.

Rhyfel Byd Cyntaf arwain at brinder o bres , a oedd yn

eu hangen ar gyfer ffrwydron, felly gweithgynhyrchwyr cefnogwr newid

i cewyll dur. Cyflwynodd General Electric cefnogwyr gyda

llafnau alwminiwm sy'n gorgyffwrdd , a oedd yn rhedeg llawer mwy

yn dawel , yn y 1920au hwyr. Cyflwynodd Emerson hardd

eto swyddogaethol cefnogwr Arian Swan yn 1932 . Mae ei gynllun art deco

llafnau alwminiwm a ddefnyddir ond yn seiliedig ar siâp

propelor cwch hwylio . Mae hyn yn cefnogwr alarch yn llwyddiant mawr a

yn ôl pob tebyg wedi helpu Emerson oroesi y Dirwasgiad Mawr .

Mae poblogrwydd cynyddol o tymheru yn ystod

gostwng y 1950au y galw am gefnogwyr trydan a

Ymatebodd gweithgynhyrchwyr drwy dorri costau ar draul

o ansawdd.

Yn 1998 , dyfeisiodd Americanaidd Walter K. Boyd y highvolume

gyflymder isel (HVLS) cefnogwr nenfwd . Boyd oedd

datblygu system i oeri gwartheg llaeth , sy'n cynhyrchu

llai o laeth pan fyddant yn gorboethi . Mae'n creu nifer fawr o

cefnogwr trydan sy'n defnyddio 10 llafnau alwminiwm ac roedd ganddo

diamedr o 8 troedfedd . Symudodd yn araf , ond roedd yn energyefficient iawn

ac nid oedd yn cicio i fyny llwch. Heddiw cefnogwyr HVLS yn

a ddefnyddir yn eang mewn warysau diwydiannol, ffatrïoedd , a

canolfannau siopa i leihau gwres , a chostau oeri .

CONFETTI

Yn aml Conffeti yn cael ei daflu ar gorymdeithiau, dathliadau a

priodasau . Mae fel arfer yn cael ei wneud o lawer o ddarnau bach

o bapur , Mylar , neu ddefnydd metelaidd . Mae ar gael

mewn amrywiaeth o liwiau a siapiau fel sêr a

plu eira .

Mae'r conffeti gair Saesneg yn perthyn i'r Eidal

melysion o'r un enw , a oedd yn melys bach

taflu yn draddodiadol yn ystod carnifalau . Efallai y bydd ganddynt

cael ei ddyfeisio yn nhref Sulmona , L' Aquila dalaith ,

Nghanol yr Eidal , yn ystod y 15fed ganrif , lle maent yn parhau

yn cael eu gweithgynhyrchu a gwerthu hyd yn oed heddiw . hefyd yn hysbys

fel dragée , cnau almon Jordan , neu gnau almon sugared , Eidaleg

Conffeti yn cynnwys cnau almon neu gnau eraill sy'n dod â

haen o siwgr caled . Mae'r enw yn tarddu o'r Eidaleg

confit gair , fel yn confiture , sy'n golygu ffrwythau cadw neu jam .

Mae'r gair Eidaleg ar gyfer conffeti papur yn coriandoli , sy'n golygu

coriander , a allai awgrymu bod yn wreiddiol y melysion

hadau coriander a geir yn hytrach na almonau .

Yn ôl traddodiad , conffeti Eidalaidd yn cael ei wneud mewn gwahanol liwiau a

cael eu dosbarthu i westeion ar ddiwrnodau dathlu , yn aml yn lapio mewn

bagiau bach a wneir o rwydo ysgafn (tulle) . Mae yna

ystyron traddodiadol briodoli i'r lliwiau - glas neu binc i fedyddio , coch ar gyfer pen-blwydd a graduations , gwyrdd ar gyfer

ymrwymiadau , gwyn ar gyfer priodasau , ac amrywiaeth o liwiau ar gyfer pen-blwyddi . Mewn priodas , maent yn dweud i gynrychioli

y gobaith y bydd y cwpl newydd yn cael priodas ffrwythlon .

Conffeti ar gyfer priodasau Mabwysiadodd y Prydain , gan ddisodli y

reis traddodiadol , dail , neu flodau , ar ddiwedd y 19eg ganrif

ganrif , gan ddefnyddio shreds symbolaidd o bapur lliw yn hytrach

na losin gwirioneddol. Un mater 1885 o America Gwyddonol

cylchgrawn darnau a gofnodwyd o bapur lliw yn cael ei daflu

dros bobl ym Mharis ar Nos Galan , 1881. Erbyn dechrau'r

1900au , conffeti papur peiriant gweithgynhyrchu a gwerthu

o amgylch y byd . Cascarones , plisgyn wyau llawn - conffeti

i fod i gael eu torri uwchben y pennaeth ffrind, yn

a ddatblygwyd ym Mecsico yn ystod y 19eg ganrif , lle maent yn

wedi dod yn boblogaidd yn ystod dathliadau gwyliau megis

Y Pasg, Cinco de Mayo , a Carnifal .

Conffeti petal naturiol , a wnaed o blodau sych - rewi

petalau , wedi dod yn boblogaidd mewn priodasau yn ddiweddar .

Oeddech chi'n gwybod ?

Mae gan Conffeti rhestru yn y Guinness Book of World

Cofnodion. Casey Larrain of California sydd â'r mwyaf

casgliad o conffeti gyda rhyw 1,700 o siapiau unigryw ;

gan gynnwys conffeti siâp fel cŵn poeth , Elvis Presley ,

tylwyth teg , môr-ladron , sychwyr gwallt , sglein ewinedd , a minlliw .

CARDFWRDD

Mae'r cardbord gair wedi cael ei ddefnyddio ers mor hir yn ôl fel 1683 , pan nodwyd , 'The scabbards a grybwyllir yn

gramadegau argraffwyr ' y ganrif ddiwethaf oedd o gardbord

neu melinfwrdd ' . Mae'r blychau bwrdd papur masnachol cyntaf

eu cynhyrchu yn Lloegr ym 1817 . Cafodd y rhain eu gwneud

o bapur trwm - ddyletswydd a oedd yn plygu a thorri i mewn i'r

siâp bocs.

Bapur gwrymiog neu blethedig yn gryfach nag arfer

papur. Cafodd ei batent yn Lloegr yn 1856 gan Healey a

Daeth Allen ac wreiddiol boblogaidd fel leinin i ffwr tal

hetiau . Nid oedd tan 1871 rhychog un ochr

byrddau yn cael eu patent a ddefnyddir ar gyfer llongau . Mae'r patent

ei roi i Albert L. Jones, Dinas Efrog Newydd, a oedd yn defnyddio

ar gyfer lapio poteli a simneiau llusern gwydr.

Adeiladwyd G. Smyth y peiriant cyntaf ar gyfer màs - cynhyrchu

bwrdd rhychiog yn 1874 . Yn yr un flwyddyn , Oliver Hir

gwella ar ddyluniad Jones drwy ddyfeisio modern

bwrdd rhychog dwbl- ochr . Ym 1884 , cemegydd Swedeg

Canfu Carl F. Dahl bod mwydion papur o goed pren meddal ,

megis pinwydd , gellid ei ddefnyddio i greu papur Kraft anodd.

Heddiw cardbord rhychiog cael ei wneud gan crimpio

haenau o bapur Kraft yn siâp ailadrodd ' s' o'r enw cyfrwng corrugating neu fluting . Mwy o haenau o bapur Kraft ,

Gelwir leinwyr , wedyn eu gludo ar y naill ochr i'r fluting .

A aned yn yr Alban Robert Gair, argraffydd a gwneuthurwr papur bag

yn Brooklyn , Efrog Newydd, dyfeisiodd y cardbord cyn - torri neu

blwch papur yn 1890. ddyfais Gair oedd damwain.

Un diwrnod yr oedd yn argraffu gorchymyn o fagiau hadau pan fo

Fel arfer, pren mesur metel a ddefnyddir i cris bagiau symud yn

sefyllfa a'u torri yn lle hynny. Yn fuan darganfod Gair bod

gallai wneud papur parod rhad

blychau drwy dorri a'u lladd mewn un gweithrediad .

Gair hefyd yn berthnasol ei syniad i bocsbord rhychiog pan

fyddai ar gael ar ddechrau'r 20fed ganrif. yn fuan

cartonau cardbord llongau yn cymryd lle pren

cewyll a blychau . Gostwng hyn yn y pwysau cyffredinol y

yn y pen draw y costau llongau llwyth a . Kellogg

Cwmni arloesi y defnydd o flychau cardfwrdd fel

cartonau grawnfwyd a Kieckhefer Cynhwysydd Cwmni

Datblygu Chicago cartonau llaeth papur.

Famous pensaer Canada -Americanaidd Frank Gehry

Hawdd a gyflwynwyd Ymylon dodrefn cardbord i'r dyluniad

byd rhwng 1969 a 1973. Mae nifer o gwmnïau bellach

gwneud ac yn gwerthu byrddau cardfwrdd , cadeiriau a desgiau y gellir

cefnogi miloedd o bunnoedd .

sugnwyr llwch

Mae llawer o bobl wedi datblygu y sugnwr llwch . Roedd

nifer o ysgubwyr carped bweru â llaw patent yn ystod y

19eg ganrif . Yn 1899 , John Thurman o St Louis , Missouri ,

cynllunio RENOVATOR carped bweru gan aer cywasgedig .

Fodd bynnag, nid yw peiriant Thurman oedd sugnwr llwch ;

ei chwythu llwch mewn cynhwysydd yn hytrach na sugno i mewn

Peiriannydd Saesneg Hubert Booth mae gan yr hawliad cryfaf

i ddyfeisio'r sugnwr llwch modur. Yn 1901 , fe

Mynychodd ' arddangosiad o beiriant Americanaidd gan ei

dyfeisiwr ' (Thurman o bosibl) yn Neuadd Empire Music

yn Llundain . Gwelodd Booth y llwch ddyfais ergyd cadeiriau oddi ar

ac yn meddwl y byddai'n llawer gwell pe bai'n sugno llwch

yn lle hynny. Mae'n creu dyfais mawr , llysenw puffing

Billy , a gafodd ei yrru yn wreiddiol gan injan olew a

yn ddiweddarach gan modur trydan . Mae'r pwmp gwactod a modur

eu cartrefu mewn cert a dynnwyd gan geffyl , o ba hir

pibell snaked i mewn i'r tŷ . Dechreuodd bwth Prydain

Vacuum Glanhau Company (BVCC) a mireinio ei

ddyfais dros y degawdau nesaf . glanhau gwactod

oedd yn newydd-deb fel bod merched cymdeithas yn Lloegr gwahodd

eu ffrindiau dros gyfer partïon gwactod !

Yn 1907 , dyfeisiodd James SPANGLER , janitor o Dreganna , Ohio , mae'r gwactod cyntaf ymarferol , cludadwy trydan

glanach . Roedd SPANGLER ceisio gwella safle hen garped

ysgubwr a ddefnyddiodd yn y gwaith. Roedd tinkered gyda hen trydan

gefnogwr modur , sydd ynghlwm ag ef i focs sebon styffylu i ysgub

trin , a defnyddio achos gobennydd fel casglwr llwch . Roedd

yna dechreuodd cwmni i werthu ei ddyfais , ond yn fuan cael eu gwerthu

i busnes William Hoover . Hoover ailgynllunio

Peiriant SPANGLER a lansio'r O Model yn 1908 .

Marchnata arloesol, gan gynnwys treialon cartref rhad ac am ddim 10 - diwrnod

a gwerthwyr o ddrws i ddrws , yn fuan yn gwneud y Hoover

Cwmni llwyddiannus iawn. Ym Mhrydain , yr enw Hoover

daeth yn gyfystyr â'r sugnwr llwch . Hyd yn oed

heddiw , un hwfro carpedi un yn . Gweithgynhyrchwyr eraill, megis fel Eureka a Electrolux , dechreuodd cystadlu gyda Hoover .

Rhwng 1978 a 1993, dylunydd diwydiannol Prydeinig James

Adeiladwyd Dyson 5000 prototeipiau cyn iddo perffeithio ei bagless

sugnydd llwch , a oedd yn gweithredu ar yr egwyddor

gwahanu cyclonic . Ni chaiff unrhyw weithgynhyrchydd neu ddosbarthwr

Byddai trin Dyson Ddeuol Cyclone , gan y byddai'n tarfu

y farchnad gwerthfawr ar gyfer bagiau llwch newydd. Roedd

yn y pen draw penderfynodd i werthu'r cynnyrch ei hun drwy

catalogau a daeth yn llwch - werthu gyflymaf

gwneud glanach erioed . Erbyn mis Mai 2001 , roedd gan Dyson 52 y cant o

y farchnad yn ôl gwerth . Yn ddiweddar , sugnwyr llwch robotig ,

fel Roomba iRobot , a hefyd wedi dod yn boblogaidd .

LOCKS

Haneswyr yn ansicr ble a phryd y clo cyntaf oedd

dyfeisio. Mae clo rhannu'n wardiau defnyddio cyfres o wardiau (rhwystrau)

sy'n atal y clo rhag troi . Yr allwedd cywir wedi

rhiciau cyfateb y wardiau, gan ei alluogi i droi yn rhydd.

Mae'n debyg fod y mecanwaith ei ddyfeisio gan y Rhufeiniaid

ac yn dal i fod a ddefnyddir heddiw . Fodd bynnag, nid yw'n ddiogel , gan fod

gall y wardiau yn cael eu hosgoi gydag allwedd sgerbwd lle

y rhan fwyaf o rhiciau wedi cael eu dileu .

Mae'r rhan fwyaf o cloeon eraill yn cynnwys tymbleri y mae'n rhaid eu symud

gan yr allwedd i'w hagor . Un enghraifft yw'r tumbler pin

clo , sy'n cynnwys cyfres o binnau o wahanol hyd sy'n

rhwystro'r bollt . Yr allwedd cywir codi'r pinnau , gan ganiatáu i'r

bollt i droi. Yr Eifftiaid yn gwybod yr egwyddor sylfaenol trwy

2000 CC . Dyfeisio saer cloeon Americanaidd Linus Iâl Sr y

silindrog pin clo tumbler modern yn 1848. ei fab , Yale,

Jr , cyflwynodd allwedd llai, fflat yn 1861 gyda danheddog

ymylon y gellid eu gwneud mewn miloedd o amrywiadau ,

a thrwy hynny wella diogelwch. Mae hefyd yn datblygu modern

clo cyfuniad yn 1862 .

Saer cloeon Saesneg Joseph Bramah patent y Bramah

diogelwch cloi silindrog yn 1784 . Mae ei soffistigedig

mecanwaith a ddefnyddir chwe platiau metel fel tymbleri . Yn 1790 , arddangos Bramah a Lock Her yn ei ffenestr siop ,

gosod ar fwrdd bod yn darllen :

Mae'r artist sy'n gallu gwneud offeryn a fydd yn codi neu agor

Bydd clo hwn yn derbyn 200 gini hyn o bryd mae'n cael ei gynhyrchu .

Ystyrir bod y clo yn unpickable am 67 mlynedd nes

Agorwyd saer cloeon America Alfred Hobbs ac roedd yn

Dyfarnwyd y wobr. Ymgais Hobbs 'sydd ei angen 51 awr ,

ledaenu dros 16 diwrnod .

Cloeon tumbler Lever yn defnyddio set o liferi , yn aml pump neu saith

ohonynt, fel tymbleri . Cawsant eu dyfeisio yn Ewrop yn

y 17eg ganrif. Robert Barron Lloegr patent yn

Fersiwn dwbl - actio yn 1778 a oedd yn gofyn y dulliau

i gael eu codi i uchder penodol i agor y clo , a thrwy hynny

gwella diogelwch . Mae'n cael ei ddefnyddio hyd heddiw , yn enwedig

ar gyfer coffrau a charchardai . Jeremiah Chubb o Portsmouth ,

Lloegr, dyfeisio clo synhwyrydd yn 1818 . Mae'r lifer

Roedd clo tumbler nodwedd diogelwch pwysig : mae'n jammed

pan fydd rhywun yn ceisio ymyrryd ag ef .

Mae'r clo tumbler ddisg ei ddyfeisio gan Emil Henriksson

yn 1907 . Mae wedi slotio disgiau cylchdroi sy'n gweithredu fel tymbleri .

Mae'r mecanwaith yn wydn ac ni ellir ei taro , hy ,

agor gydag allwedd lwmp arbennig , yn wahanol cloeon tumbler pin .

Yn ddiweddar cloeon electronig hefyd wedi dod yn boblogaidd .

RHEOLI BELL

Famous dyfeisiwr Serbeg -Americanaidd Nikola Tesla

datblygu un o'r enghreifftiau cynharaf o modern

rheoli o bell. Yn 1898, yn dangos radiocontrolled

cwch yn ystod arddangosfa yn Sgwâr Madison

Garden , Efrog Newydd. Yn fuan wedyn , peiriannydd Sbaeneg

Datblygu Leonardo Torres - Quevedo bell di-wifr

system rheoli galwodd y Telekino . Ym 1906 , Torres

reoli'n llwyddiannus cwch a yrrir -engine yn Bilbao

harbwr o'r lan , dros filltir i ffwrdd , ym mhresenoldeb

Brenin Sbaen a llawer o rai eraill .

Mae'r anghysbell deledu gyntaf ei ddatblygu yn 1950 gan y

Zenith Electroneg Corp o Chicago . Llywydd Zenith yn

eisiau datblygu dyfais i ' alaw allan blino

hysbysebion ' . Eu bell cyntaf , a elwir yn Esgyrn Lazy , roedd

cysylltu â'r teledu gan wifren ond a achosodd aml

baglu . Yna datblygodd Zenith yn rheoli di-wifr o bell,

y Flashmatic . Mae'n gweithio drwy sgleinio pelydryn o olau ymlaen i

Teledu offer gyda pedair cell ffotodrydanol . Ond mae'r rhan fwyaf o bobl

anghofio pa cell gwneud yr hyn ac maent yn aml yn cael eu sbarduno

gan ffynonellau golau eraill.

Ym 1956 , dyfeisiwr Awstria -Americanaidd Dr Robert Adler

datblygu Ardal Reoli Space Zenith i ddatrys y problemau hyn . Defnyddiodd uwchsain i drosglwyddo signalau i'r teledu.

Ei model gwreiddiol yn fecanyddol - pedwar gwiail alwminiwm

cynhyrchu arlliwiau uwchsain . Mae'r broses cynhyrchu

cliciwch clywadwy pryd bynnag y botwm ei wasgu , lle

daw'r clicker tymor modern.

Mae'r unedau Reoli Space cyntaf yn ddrud oherwydd

eu derbynyddion a ddefnyddir chwe tiwbiau gwactod , gan godi pris

teledu gan dri deg y cant . Yn y 1960au cynnar, dechreuodd remotes

ddefnyddio transistorau a daeth yn rhatach ac yn llai. Zenith

Dechreuodd creu rheoli o bell gweithio ar fatri bach

y crisialau piezoelectric a ddefnyddir , yn hytrach na alwminiwm

gwiail, i gynhyrchu uwchsain . Rheoli o bell Ultrasonic

yn seiliedig ar gynllun Adler yn aros yn boblogaidd ar gyfer y 25 nesaf

flynyddoedd . Ond eu bod yn agos at berffaith. unrhyw naturiol

Gallai digwydd sŵn sbarduno'r derbynnydd yn ddamweiniol ac

Gallai anifeiliaid anwes glywed y signalau ultrasonic . Yn 1980 , o Ganada

cwmni a enwyd Viewstar lansio teclyn rheoli o bell

sy'n defnyddio is-goch yn hytrach na uwchsain . Roedd y rhain yn

llwyddiant ar unwaith a remotes is-goch o Viewstar ,

Zenith , a chwmnïau eraill yn fuan dechreuodd i dra-arglwyddiaethu y

farchnad.

Erbyn y 2000au cynnar, roedd gan y rhan fwyaf o gartrefi nifer fawr o

dyfeisiau electronig , pob un â anghysbell. Erbyn hyn mae hyd yn oed

toiled - reolir o bell , y Kohler C3 !

FFORMIWLA BABANOD

Mae'n ffaith diamheuol bod llaeth y fron yw'r bwyd gorau

ar gyfer babanod. Yn y cyfnod cynharach , menywod nad oeddent yn gallu

fron fwydo eu babanod yn arfer dibynnu ar eraill fel gwlyb

nyrsys i fwydo llaeth y fron iddynt. Fodd bynnag, yn ystod y

19eg ganrif , dechreuodd pobl i fwydo llaeth babanod rhag

gwartheg , geifr , ceffylau , a hyd yn oed asynnod . Laeth buwch oedd

y rhai mwyaf cyffredin.

Fodd bynnag, mae babanod botel bwydo o'r fath yn llai iach na

rhai bwydo ar y fron ac yn dioddef o ddiffyg hylif a gofid

boliau . Yn 1838 , gwyddonydd Almaeneg Johann Franz Simon

canfod bod llaeth buwch yn llawer uwch mewn protein , ond

yn is mewn carbohydradau na llaeth dynol. meddygon yna

yn awgrymu bod mamau ychwanegu dŵr , siwgr , a hufen i

wneud yn fwy tebyg i laeth y fron .

Mae'r fformiwla fabanod gwirioneddol cyntaf a ddatblygwyd yn 1860 gan

Gwyddonydd Almaeneg Jwstus von Leibig . Babanod Toddadwy Leibig yn

Roedd bwyd yn gymysgedd powdr o flawd gwenith , dadhydradu

llaeth buwch , blawd brag , a bicarbonad potasiwm sy'n

Roedd yn rhaid gymysgu â llaeth buwch cynnes i . Mae'r Nestlé

Yn fuan daeth Cwmni Swistir i fyny gyda eu pen eu hunain

fformiwla a oedd yn debyg i Leibig , ond yn rhatach . Yn 1919 , fformiwla fabanod newydd o'r enw SMA (Synthetig

Addasu llaeth) a ddatblygwyd gan SMA Maeth

Michigan. Mae'n disodli braster llaeth anifeiliaid a llysiau

brasterau a hyd yn oed yn cynnwys olew iau penfras . Ychydig flynyddoedd yn ddiweddarach

Cyflwynodd Nestlé Lactogen , a adeiladwyd o lysiau

olew , fel cystadleuydd i SMA .

Yng nghanol y 1920au , cawr fformiwla Similac Dechreuwyd ym

Boston , Massachusetts . Ei fformiwla yn cynnwys cymysgedd

o laeth buwch , olew llysiau , calsiwm , ffosfforws a

halen . Mae'n cael ei enw oherwydd ei fod i fod mor debyg

i llaetha. Still nid oedd llawer o bobl a oedd yn defnyddio

fformiwla fabanod oherwydd ei gost uchel . Ym 1883 , John B.

Dyfeisio Myenberg broses ar gyfer cael gwared o siwgr

llaeth anwedd . Mae eraill wedyn yn ychwanegu llaeth buwch , corn

surop , a dŵr i greu rhad , heb siwgr

fformiwla fabanod a oedd yn hawdd i'w dreulio . Babanod a bwydo ar

tyfodd yn union yn ogystal â babanod bwydo ar y fron ac erbyn y 1930au ,

fformiwla babanod yn dod yn boblogaidd iawn .

Ar ddiwedd y 1950au , dechreuodd Similac ychwanegu haearn , oherwydd

babanod - fformiwla bwydo yn tueddu cael eu haearn - ddiffygiol o'i gymharu

i fwydo ar y fron babanod . Ers y 1970au , mae llawer o eraill

gwelliannau wedi cael eu gwneud i fformiwla fabanod i roi

fel llawer o fanteision o laeth y fron ag y bo modd .

Q- CYNGHORION

Swabiau cotwm , blagur cotwm , neu blagur glust yn cynnwys bach

wad o gotwm lapio o amgylch un neu ddau ben byr

gwialen , fel arfer wneud naill ai o bren , papur neu blastig rholio .

A aned -Pwyleg Americanaidd Leo Gerstenzang , a oedd yn byw yn New

Dinas Efrog , dyfeisiodd y swab cotwm yn y 1920au . ar

arsylwi ei wraig sy'n gwneud cais wads o gotwm i toothpicks

mewn ymgais i gyrraedd ardaloedd anodd eu glanhau , Gerstenzang ,

a oedd sylfaenydd gwreiddiol y Q -awgrymiadau Company,

Roedd y syniad o weithgynhyrchu un - darn sy'n barod i'w ddefnyddio

swab cotwm . Yn 1923 , sefydlodd y Leo Gerstenzang

Babanod Newydd-deb Co , cwmni oedd yn marchnata gofal babi

ategolion . Ei gynnyrch , a enwodd Hoywon Babanod a

yn ddiweddarach Q -awgrymiadau Hoywon Baby , aeth ymlaen i fod y mwyaf eang

gwerthu brand enw -Q -awgrymiadau , lle safai Q ar gyfer ansawdd .

Nid yw tarddiad yr enw Hoywon Baby yn glir.

Ym 1958 , prynodd y Q -awgrymiadau Cwmni Ffyn Papur

Ltd Lloegr , gweithgynhyrchydd o bapur ffyn gyfer y

masnach melysion . Mae ei peiriannau yn dilyn hynny

dod i'r Unol Daleithiau a'i ddefnyddio i gynhyrchu Q- tip

Swabiau cotwm Papur taenwr . Roedd hyn yn gwneud Q -awgrymiadau sydd ar gael

yn y ddau mathau ffon bren a phapur . ffyn pren

eu dirwyn i ben yn y pen draw yn y 1980au . gwrthficrobaidd

Q -awgrymiadau yn cael eu lansio yn 1998. Ymdrechion diweddar wedi canolbwyntio ar wneud y cynnyrch yn fwy
cyfeillgar i'r amgylchedd ,

megis newid y plastig a ddefnyddir ar gyfer y ffon i PET

(terefffthalad polyethylen) , sydd hefyd yn cael ei ddefnyddio ar gyfer

gwneud poteli diod meddal . Ym mis Tachwedd 2011 , mae'r rhain yn newydd

Cadarnhawyd Q -awgrymiadau i fod yn bydradwy .

Mae'r term Q -awgrymiadau yn cael ei ddefnyddio yn aml fel enw generig ar gyfer cotwm

swabiau . Heddiw , bron i 26000000000 swabiau Q -awgrymiadau cotwm

yn cael eu cynhyrchu bob blwyddyn . Ond nad ydynt bellach yn defnyddio

yn arbennig ar gyfer babanod. Mae pobl yn eu defnyddio i wneud cais glud

ar brosiectau crefft , lanhau dyfeisiau electronig , cael gwared ar gwneud i fyny, allweddellau cyfrifiadur yn lân ac eraill caled - toreach

lleoedd, cael gwared ar faw a malurion gan eu cŵn ' ac

clustiau allanol cathod ' , collectibles llwch , cymhwyso eli , paent

modelau , a llawer mwy.

Oeddech chi'n gwybod ?

Mae'r defnydd o swabiau cotwm i lanhau'r gamlas y glust yn gysylltiedig

heb unrhyw fuddion meddygol ac yn peri risgiau pendant . gall

achosi externa otitis , a elwir hefyd yn glust nofiwr , yn aelod

llid y glust a chlust gamlas allanol sy'n deillio

yn pigyn clust . Mae hefyd yn un o'r achosion mwyaf cyffredin o

eardrum tyllog , sy'n ei gwneud yn ofynnol llawdriniaeth weithiau

i gywiro .

DEINTYDDOL Floss

Fflos dannedd yn cael ei wneud naill ai o bwndel o neilon tenau

ffilamentau neu blastig fel Teflon neu polyethylen , neu sidan

rhuban, ac fe'i defnyddir i dynnu bwyd a phlac deintyddol

o ddannedd . Gellir ei blas neu unflavored , cwyr

neu unwaxed . Deintyddion yn cytuno bod flossing yn ychwanegol at

brwsio dannedd yn lleihau llid y deintgig , sy'n glefyd y deintgig

a achosir yn aml gan buildup o plac , o'i gymharu â dannedd

brwsio ei ben ei hun .

Levi Spear Parmly , deintydd o New Orleans , yn

y clod am ddyfeisio'r math cyntaf o edau ddannedd .

Argymhellodd y dylai pobl lanhau eu dannedd

gyda edau sidan tenau , mewn llyfr , Canllaw Ymarferol i'r

Rheolaeth y Dannedd , a gyhoeddwyd ym 1819 . Fodd bynnag ,

fflos deintyddol oedd ar gael i'r defnyddiwr hyd nes y

Codman a Shurtleft Company, a leolir yn Randolph ,

, Dechreuodd Massachusetts cynhyrchu a marchnata humanusable

fflos sidan unwaxed yn 1882 . Dilynwyd hyn yn

1896 gan y fflos dannedd cyntaf gan Johnson & Johnson

Gorfforaeth, sy'n dechrau busnes sy'n parhau hyd yn oed

heddiw . Mae'r cwmni o Jersey Newydd derbyn y cyntaf

patent ar gyfer edau ddannedd yn 1898 . Mae eu cynnyrch yn cael ei wneud

o'r un deunydd sidan a ddefnyddir gan feddygon i bwytho

clwyfau . Brandiau cynnar eraill yn cynnwys Y Groes Goch , Salter Sill Co , a Brunswick .

Flossing wedi cael ei grybwyll mewn ffuglen lenyddol ers y

dechrau'r 20fed ganrif. Er enghraifft , mae cymeriad ei bortreadu

gan ddefnyddio edau ddannedd yn nofel enwog James Joyce Ulysses .

Ond nid fflos ei ddefnyddio'n helaeth cyn yr Ail Ryfel Byd II . Mae tua

y tro hwn , a ddatblygwyd Americanaidd Dr Charles C. Bass neilon

fflos , yn ôl pob tebyg oherwydd bod y Siapan wedi torri oddi ar y

Gyflenwad US o sidan . Canfu fod fflos neilon yn well

na sidan oherwydd ei mwy o ymwrthedd abrasion a

elastigedd . Ar ôl hyn , flossing yn fuan daeth yn boblogaidd iawn yn

yr Unol Daleithiau . Mae'r defnydd o neilon hefyd yn caniatáu ar gyfer datblygu

o cwyr fflos yn y 1940au a thâp deintyddol yn y 1950au .

Bas hefyd yn datgan ac yn hyrwyddo Techneg Bass o

Brwsio dannedd. Oherwydd hyn, mae'n cyfeirir weithiau

fel y Tad Deintyddiaeth ataliol .

Ers hynny, mae'r amrywiaeth mewn cynhyrchion edau ddannedd wedi

ehangu i gynnwys deunyddiau mwy newydd fel Gore - Tex ,

a gweadau gwahanol fel edau sbyngaidd , a blew meddal .

Mewn ymateb i bryderon amgylcheddol , fflos a wnaed o

deunyddiau pydradwy hefyd ar gael . newydd eraill

cynnyrch yn cynnwys fflos gyda phennau hatgyfnerthu , sydd yn

a gynlluniwyd i wneud flossing yn haws i'r rhai sydd â braces neu

offer deintyddol eraill.

eyeglasses

Mae'r dystiolaeth gynharaf o chwyddo optegol yn dyddio'n ôl

i hen Aifft . Mae rhai hieroglyffau Aifft gan y

5ed ganrif CC darlunio lensys gwydr syml. Yn ystod y

Ganrif 1af OC , Seneca yr Ieuengaf , tiwtor o Ymerawdwr

Nero Rhufain , ysgrifennodd : ' Llythyrau, waeth pa mor fach a

aneglur , yn cael eu gweld chwyddo ac yn fwy eglur trwy

byd neu wydr llenwi â dŵr .

Mae'r defnydd o lensys amgrwm i ffurfio delweddau chwyddo yn

trafod yn gwyddonydd Arabaidd Llyfr Alhazen o Optics ysgrifenedig

yn 1021 . Mae ei gyfieithu i'r Lladin yn y 12fed ganrif oedd

allweddol i ddyfeisio eyeglasses yn yr Eidal o gwmpas

1286 . Gwydrau cynnar yn llaw a ffurfiwyd o ddau

darnau amgrwm o wydr neu grisial . Pob un ohonynt yn amgylchynu gan

ffrâm gyda handlen cysylltu gan rivet . y cynharaf y

tystiolaeth ddarluniadol yn Tommaso da Modena yn 1352 portread

o Cardinal Hugh de Provence .

Erbyn diwedd y 14eg ganrif , mae miloedd o sbectol

yn cael eu hallforio o wlad i wlad drwy gydol

Ewrop. Mae dugiaid o Milan archebu mawreddog

Eyeglasses Fflorens gan y cannoedd i roi i ffwrdd ag y

rhoddion i gwŷr y llys , ac optegwyr a gynhyrchwyd yn amgrwm a

lensys ceugrwm o wahanol gryfderau mewn symiau mawr . Ond dim ond yn 1604 y gwyddonydd Johannes Kepler cyhoeddi

yr esboniad cywir cyntaf o sut amgrwm a ceugrwm

lensys cywiro bell ac agos - olwg (presbyopia

a myopia , yn y drefn honno) . Mae'r polymath Americanaidd,

Benjamin Franklin , oedd yn dioddef o ddau myopia a

presbyopia , dyfeisiodd gwydrau deuffocal yn y 1780au . flin ar

gorfod newid yn gyson eyeglasses , torri Franklin ei

darllen sbectol yn eu hanner a'u hasio gyda'i phellter

sbectol. Ym mis Mai 1785 , ysgrifennodd : ' Gan fy mod yn gwisgo fy sbectol hun

yn gyson, rhaid i mi yn unig i symud fy llygaid i fyny neu i lawr , gan fy mod yn

eisiau gweld unigryw yn hyn neu'n agos, i'r sbectol priodol wedi eu

Mae'r lensys cyntaf bob amser yn barod . 'ar gyfer cywiro astigmatedd

Adeiladwyd gan y seryddwr Prydeinig George Airy

yn 1825 .

Sylladuron cynnar naill ai'n llaw - a ddelir neu pince - nez , a oedd yn

yn cael eu gosod ar y trwyn gan bwysau . Fframiau modern wedi

cael ei datblygu gan 1727 , o bosibl gan yr optegydd Prydeinig

Nid yw edward Scarlett , ond roeddem yn llwyddiannus tan ddechrau'r

19eg ganrif .

Yn gynnar yn yr 20fed ganrif , datblygodd Zeiss Punktal

lensys pwynt ffocws sfferig a dominyddu eyeglass

lensys am flynyddoedd lawer. Heddiw , fframiau eyeglass hir - barhaol

gwneud o aloion siâp - metel ar gael yn eang . Mae'r rhain yn

fframiau yn dychwelyd i'w siâp cywir ar ôl cael plygu .

GWRANDAWIAD AIDS

Y dystiolaeth gyntaf o cymorth clyw mewn llyfr , o'r enw

Naturalis Magiae (Magic Naturiol), a gyhoeddwyd yn 1588 .

Yn y gyfrol hon , awdur Eidaleg Giovanni Battista Porta

yn trafod cymhorthion clyw pren cerfiedig yn y siapiau o

clustiau perthyn i anifeiliaid â clywed yn dda , megis

cathod . Yn ystod y 1600au a'r 1700au , clyw utgyrn cymorth

yn boblogaidd . Roeddent yn eang ar un pen i gasglu sain,

gul ar y pen arall i gyfeirio sain chwyddo i mewn i'r

clust , ac wedi'i wneud o corn anifeiliaid , cregyn môr , gwydr , ac yn ddiweddarach

copr a phres . Ludwig van Beethoven yn nodedig

defnyddiwr clywed utgyrn cymorth .

Yn ystod y 1700au , dargludiad asgwrn ei ddarganfod. Mae hyn yn

broses trosglwyddo dirgryniadau sain yn uniongyrchol drwy'r

benglog i'r ymennydd . Dyfeisiau siâp ffan bach eu gosod

y tu ôl i'r clustiau i gasglu tonnau sain a'u cyfeirio

trwy'r esgyrn bach y tu ôl i'r glust . Mae'r fullscale cyntaf

gwneuthurwr cymhorthion clyw oedd Frederick Rein o

Llundain ym 1800. Cynhyrchodd utgyrn glust , cefnogwyr clyw ,

a thiwbiau sgwrs.

Yn ystod y 19eg ganrif , cudd neu anweledig gymhorthion clyw

yn boblogaidd . Daethant yn ategolion addurniadol ,

hintegreiddio i soffas , coleri , steil gwallt, a dillad . Mae rhai yn ceisio i guddio nhw yn barfau llawn. aelodau

hyd yn oed wedi breindal cymhorthion a adeiladwyd i'r dde i mewn ar eu gorseddau clyw ,

gyda thiwbiau arbennig hymgorffori yn y breichiau i gasglu

lleisiau pynciau penlinio . Cafodd y rhain eu sianelu i mewn i

siambr atsain arbennig a chwyddo cyn dod i'r amlwg

o agoriadau ger pen y brenin neu'r frenhines yn .

Mae'r cymhorthion clyw electronig cyntaf a adeiladwyd ar ôl

Dyfeisio Alexander Graham Bell y ffôn yn 1876 .

Bell sain chwyddo yn electronig yn ei ffôn gan ddefnyddio

meicroffon carbon a batri . Mae'r cysyniad hwn yn

a fabwysiadwyd gan clyw gweithgynhyrchwyr cymorth . Un o'r rhai cyntaf

cymhorthion clyw cludadwy dogfennu oedd gan JC Caer

o Montana. Mae'r cymhorthion clyw yn feichus

blychau sy'n cynnwys gwifrau weladwy ac y batri trwm

barodd ychydig oriau. Ym 1899 , Miller Reese Hutchison

y Cwmni Akouphone patent y cyntaf ymarferol

cymorth clyw trydanol gan ddefnyddio trosglwyddydd carbon a

batri . Ei fod mor fawr fel bod yn rhaid iddo eistedd ar fwrdd .

Datblygiad pellach o gymhorthion clyw wedi canolbwyntio ar

miniaturization , yn gyntaf gyda'r defnydd o tiwbiau gwactod ,

Yna integredig cylchedau transistorau , ac yn olaf . Zenith

lansiodd y cymorth pob gwrandawiad transistor gyntaf yn 1952 . Heddiw ,

rhaglenadwy cymhorthion i gyd - digidol gwrandawiad yn ddigon bach

i gyd-fynd yn gyfforddus y tu ôl i'r glust .

Sglein ewinedd remover &

Staenio o hoelion dyddiadau holl ffordd yn ôl i Tsieina hynafol

a Siapan. Mae'r Eifftiaid hynafol hefyd staenio hoelion gyda

henna , tra bod y Incas addurno eu ewinedd gyda

lluniau o eryrod . Portreadau Ewropeaidd o'r 17eg

ganrif a'r 18fed ganrif yn darlunio ewinedd sgleiniog , caboledig . Erbyn y

ddechrau'r 19eg ganrif , hoelion yn cael eu arlliw

gyda olew coch persawrus ac yna caboledig neu buffed gyda

lliain chamois , yn hytrach na dim ond caboledig. Ewropeaidd

a llyfrau coginio Americanaidd y 19eg ganrif hyd yn oed wedi

cyfarwyddiadau ar gyfer gwneud paent ewinedd. Yna, yn y 19eg ganrif a

dechrau'r 20fed ganrif , aeth hoelion yn ôl i gael ei sgleinio

yn hytrach na beintio . Pobl tylino powdrau arlliw a

hufen yn eu hoelion ac yna buffed eu sgleiniog .

Mae'r Northam Warren Company of Stamford , Connecticut ,

Lansiwyd Cutex yn 1911 . Mae'r cynnyrch hwn yn dyfyniad cwtigl ,

felly yr enw torri - ex . Cynhyrchu Cutex y arlliwiau ewinedd cyntaf

yn 1914 . Ym 1917 , maent yn cyflwyno yr hylif lliw cyntaf

ewinedd polish trwy addasu Automobile gorffen paent . Erbyn 1925 ,

polish ewinedd hylif dominyddu y farchnad. Yn 1928 , Cutex

cyflwyno remover seiliedig ar aseton - a oedd yn ddiogel i

defnyddio yn y cartref ac yn cynyddu gwerthiant o sglein ewinedd ymhlith

merched ifanc. Charles Revson , ei frawd Martin

Revson , ac mae enwau fferyllydd Charles Lachman dechreuodd y Charles Revson Cwmni yn Efrog Newydd. gweithio

ar eu cyfer yn arlunydd colur Ffrengig o'r enw Michelle

Menard . Roedd Menard a ysbrydolwyd gan y enamel a ddefnyddir ar gyfer

peintio ceir a meddwl tybed os gallai'r un technegau

cael ei ddefnyddio i greu sglein ewinedd hir - barhaol. Mae sylfaenwyr

y cwmni yn credu bod y cynnyrch hwn botensial , a

sefydlu ffatri i gynhyrchu iddo. Mae'r cwmni a ailenwyd

ei hun Revlon , lle mae ' L ' yn sefyll am Lachman , a dechreuodd gwerthu'r polish ewinedd modern cyntaf yn 1932 drwy harddwch

a salonau gwallt . Yn ddiweddarach eu bod yn cyflwyno lipsticks i gyd-fynd

y sglein ewinedd ac erbyn 1937 , dechreuodd i werthu eu cynnyrch

trwy siopau adrannol a chyffuriau . Mae Cutex a

Revlon yn parhau i fod brandiau mawr heddiw .

Y math mwyaf cyffredin o ewinedd remover sglein heddiw yn dal i

defnyddio aseton , sydd yn bwerus ac effeithiol ond llym

ar y croen ac ewinedd . Gellir hefyd ei ddefnyddio i dynnu artiffisial

hoelion , sydd fel arfer yn cael eu gwneud o acrylig . y tir comin

Gelwir amgen yn syml polish ewinedd heb fod yn aseton

remover ac fel arfer yn cynnwys asetad ethyl . Mae hyn yn llai

toddyddion ymosodol ac felly gellir eu defnyddio i gael gwared ar ewinedd

polish o ewinedd artiffisial . Mae'r pryderon iechyd cysylltiedig

gyda Cludwyr hyn wedi arwain at y cyflwyniad diweddar

cynnyrch yn gwbl naturiol a bioddiraddadwy .

chwistrellau

Mae'r chwistrell gair yn tarddu o'r gair Groeg συριγξ

(syrinx) sy'n golygu tiwb . Mae'r defnydd hynaf y gwyddys o chwistrellau

oedd yn India , lle mae chwistrellau mawr yn cael eu dal yn eu defnyddio i chwistrellwch

lliw dŵr yn ystod yr ŵyl Hindŵaidd Holi . Mae'r

chwistrellau piston cyntaf ar gyfer defnydd meddygol , fel chwistrellau trwynol ,

eu datblygu yng nghyfnod y Rhufeiniaid . Yn y 9fed ganrif OC ,

y llawfeddyg Irac / Eifftaidd Ammar ibn ' Ali al - Mawsili '

creu chwistrell gan ddefnyddio nodwydd wag (hypodermig) , a

tiwb gwydr gwag , a sugno i gael gwared ar cataractau o

llygaid cleifion. Yn 1844 , meddyg Gwyddelig Francis Rynd

gweddnewid y nodwydd wag a'i ddefnyddio i wneud y

pigiadau isgroenol a gofnodwyd yn gyntaf.

Y patentau chwistrell gyntaf gan John a Frederick Weiss yn

cymryd allan yn 1824 a 1851 yn y drefn honno . Alexander Wood,

meddyg yn yr Alban , dyfeisiodd y hypodermig meddygol

chwistrell yn 1853 . Mae'n cyfuno chwistrell fetel gyda

pant nodwydd pigfain yn ddigon iawn i Pierce y croen

heb dorri agoriad . Dangosodd gwaith Dr Wood

bod nodwyddau hypodermig yn ddefnyddiol mewn meddygaeth .

Tua'r un pryd, Charles Pravaz , llawfeddyg o

Lyon , Ffrainc , a ddatblygwyd yn annibynnol dyfais tebyg

a ddaeth yn boblogaidd fel y Pravaz Chwistrell . Roedd ganddo piston yrru gan sgriw fel y gallai gweinyddu union dosages .

Llawfeddyg Ffrangeg arall , LJ Béhier , a wnaed Pravaz yn

ddyfais hysbys ar draws Ewrop .

Mae'r BD , neu Becton , Dickinson and Company, a meddygol

cwmni offeryn , a ffurfiwyd yn 1897. Ym mis Hydref y

blwyddyn, maent yn gwerthu eu Luer hypodermig gyd - wydr cyntaf

chwistrell . Erbyn y 1800au hwyr, chwistrellau o'r fath yn eang

ar gael ond nid oedd llawer o gyffuriau chwistrellu ar y

farchnad. Yna , yn 1921 , inswlin ei ddarganfod. Roedd yn rhaid iddi

yn cael ei chwistrellu'n uniongyrchol i lif y gwaed , ac mae hyn yn creu

marchnad newydd ar gyfer nodwyddau hypodermig . B.D. dechreuodd werthu

chwistrell inswlin ar gyfer pobl diabetig yn 1924 .

Ym 1946 , Chance Brothers o Birmingham , Lloegr ,

cynhyrchodd y chwistrell i gyd - wydr cyntaf gyda gydgyfnewidiol

casgen a plunger , a oedd yn symleiddio'r màs - sterileiddio o chwistrellau . Ym 1954 , B.D. greodd y cyntaf màs - cynhyrchu

chwistrellau a nodwyddau tafladwy . Fe'i datblygwyd ar gyfer màs

gweinyddiaeth y brechlyn polio Salk newydd i America

plant. Yn 1955 , cyflwynodd Cynhyrchion ROEHR y Monoject ,

y chwistrell hypodermig tafladwy cyntaf a wnaed o blastig ,

ddilyn gan B.D. gyda'r Plastipak , yn 1961. Plastig

chwistrellau yn fuan disodli rhai gwydr yn y farchnad . Nawr

cwmnïau yn datblygu micro - chwistrellau i painlessly

ddarparu symiau o gyffuriau rheoledig yn union .

sbectol haul

Pobl Inuit hynafol, sy'n fwy adnabyddus fel Esgimos , gwisgo

gwydrau a wneir o ifori walrus wastad i rwystro solar

llacharedd . Roedd gan y sbectol holltau cul i edrych drwy .

Sbectol haul a wneir o chwareli fflat o gwarts myglyd , a oedd yn

hefyd yn diogelu'r llygaid rhag llacharedd , yn cael eu defnyddio mewn

Llestri erbyn y 12fed ganrif. Dogfennau hefyd yn disgrifio

y defnydd o sbectol haul grisial o'r fath gan y beirniaid yn yr hen

Llysoedd Tseiniaidd i guddio eu hwynebau tra

holi tystion .

Dechreuodd optegydd Saesneg James Ayscough arbrofi

gyda lensys arlliwedig mewn sbectol tua 1752 . Ayscough

credu y gallai gwydr glas neu wyrdd - arlliw gywiro

nam ar y golwg penodol. Sbectol arlliw parhad

i'w rhagnodi yn feddygol drwy gydol y 19eg ganrif .

Yn y 1900au cynnar, y defnydd o sbectol haul ddod yn fwy

eang , yn enwedig ymhlith sêr ffilm. Mae'n gyffredin

yn credu bod hyn yn osgoi cydnabyddiaeth gan gefnogwyr , ond

gallai hefyd wedi bod yn amddiffyn eu hunain rhag y

lampau arc pwerus a ddefnyddir ar setiau ffilm cyfoes .

Cyflwynodd Sam Foster rhad màs - cynhyrchu

sbectol haul i America yn 1929 . Canfu'r Foster parod

y farchnad ar y traethau o Atlantic City , New Jersey , ac yno y dechreuodd werthu sbectol haul o dan yr enw Grant Foster .

Sbectol haul yn fuan yn rage .

Yn y 1930au , y Fyddin Unol Daleithiau Corfflu Awyr

comisiynodd y cwmni optegol o Bausch & Lomb i

cynhyrchu sbectol a fyddai'n diogelu cynlluniau peilot o'r

peryglon o llacharedd uchel -uchder . Maent yn creu sunglassspecific

cwmni o'r enw Ray - Ban , byr ar gyfer gwahardd

Haul , i greu'r sbectol haul hedfan - arddull cyntaf.

Sbectol haul Polarised Daeth cyntaf sydd ar gael yn 1936 , pan

Dechreuodd dyfeisiwr Americanaidd Edwin H. Tir arbrofi

gyda lensys polar. Cynllunio Ray - Ban peilot gwrth - lacharedd

sbectol haul arddull yn 1936 gan ddefnyddio technoleg Tir . maent yn

defnyddio ffrâm ychydig yn drooping i darian i maximally

llygaid hedfan yn , y mae angen i dro ar ôl tro cipolwg i lawr

tuag at panel offeryn yr awyren . Daflenni a gyhoeddwyd

hyn sbectol haul peilot Ray - Ban am ddim ac mae'r

Dechreuodd cyhoedd eu prynu yn 1937 .

Credir bod sbectol haul wir yn ' cŵl' yn ystod

Rhyfel Byd II . Mae arddull Wayfarer , mae'r sunglass gorau gwerthu

dylunio mewn hanes , ei eni yn 1953 . Mae hysbysebu clyfar

ymgyrchu gan Grant Foster yn y 1960au , gan ddefnyddio Hollywood enwogion a'r tagline Pwy sydd tu ôl y rhai Grantiau Maeth?

helpu i wneud sbectol haul hyd yn oed yn fwy ffasiynol .

eillio hufen

Mae ffurflen cyntefig o hufen eillio ei dogfennu yn

Sumeria tua 3000 CC . Mae cyfuniad o alcali pren

a braster anifeiliaid yn cael ei gymhwyso i barfau fel eillio

paratoi , yn debyg i'r ffordd ffwr cael ei dynnu oddi ar

crwyn anifeiliaid. Yr Eifftiaid hynafol ymhlith y

diwylliannau cyntaf i gymryd eillio o ddifrif; eu bod yn defnyddio anifeiliaid

brasterau ac olewau fel ireidiau ar gyfer raseli gwneud o efydd .

Barbwyr Groeg a Rhufeinig yn aml yn defnyddio olew neu operâu sebon pan

wielding raseli haearn . Nid oedd llawer o hyrwyddo pellach

wrth eillio neu eillio operâu sebon tan y 1700au .

Yn y 1800au , operâu sebon trochion uchel i'r amlwg fel arbenigol

cynnyrch gael ei defnyddio yn unig ar gyfer eillio . Operâu sebon eillio o'r fath

eu cynllunio i greu llymach , trochion para'n hirach

na operâu sebon rheolaidd. Ymddangosodd y cyntaf tua 1840 ,

pan ddechreuodd Cleddau a Fowler o Efrog Newydd i werthu

sebon canolbwyntio a ewynnog . Maent yn enwi ei Walnut

Olew Milwrol eillio Sebon . Yn y 1900au cynnar, Americanaidd

botanegydd a dyfeisydd George Washington Carver a grëwyd

hufen a oedd yn hawdd i storio a lathered i fyny 'n glws ,

ganiatáu i'r rasel i gleidio yn esmwyth dros y croen.

Operâu sebon eillio traddodiadol yn dal ar gael heddiw gan

gwneuthurwyr fel The Art of eillio , Crabtree a Evelyn ,

a Geo . F. Trumper . Yn 1919 , Frank Shields , cyn athro MIT , a ddatblygwyd

Barbasol , yr hufen eillio cyntaf. Mae'r cynnyrch arloesol

cynnig ddynion dewis arall i ddefnyddio brwsh i weithio

sebon i mewn i trochion . Mae'r fformiwla Barbasol yn wreiddiol yn

lotion trwchus a gynlluniwyd i ddarparu cyfforddus

eillio ar gyfer dynion â barfau anodd a chroen sensitif fel

ei hun. Daeth ei enw o'r cyfuniad o'r Lladin

Barba gair , sy'n golygu barf , ac ateb. Heddiw , Barbasol

yn parhau i fod yn un o'r brandiau gorau o gynnyrch eillio ,

yn enwedig yn yr Unol Daleithiau.

Burma - Shave , brushless cynnar arall , eillio cyn - lathered

hufen , ei gyflwyno yn America gan y Burma - Vita

cwmni yn 1925 . Mae'n gyflym Tyfodd poblogaidd ar gyfer ei hwylustod

a hysbysfyrddau sy'n odli enwog a leinio Americanaidd

priffyrdd . Un o'r brandiau mwyaf poblogaidd o hufen eillio

yn India yn Godrej . Mae'r cynnyrch eillio cyntaf Godrej oedd y

ffon eillio , a gyflwynwyd yn 1932 .

Cyfrannodd yr Ail Ryfel Byd i dyfodiad y gwasgeddedig

chwistrellu tun . Y tun cyntaf o hufen eillio dan bwysau

Roedd Rise , a gyflwynwyd gan Carter - Wallace , yn

Gwmni gofal personol Americanaidd bencadlys yn New

Efrog , yn 1949 . Hufen eillio Aerosol ddal bron

un rhan o bump o'r farchnad ar gyfer eillio paratoadau o fewn

amser byr ac wedi bod yn arglwyddiaethu arno ers y 1960au .

Past dannedd

Eifftiaid yn defnyddio past i lanhau eu dannedd o gwmpas

5000 CC , llawer cyn brwsys dannedd eu dyfeisio . Mae hyn yn

yn ôl pob tebyg hufen deintyddol blasu ofnadwy , gan ei fod yn cynnwys

lludw powdwr o carnau ychen , myrr , llosgi plisgyn wyau ,

pumice a dŵr. Mae llawer o papyrus Aifft yn ddiweddarach, dyddiedig

4edd ganrif OC , yn cynnwys fformiwla arall yn cynnwys

stwnsh halen craig , mintys , iris , a phupur du .

Groegiaid hynafol a'r Rhufeiniaid defnyddio past dannedd y mae

maent yn ychwanegu sgraffinyddion fel esgyrn malu a wystrys

cregyn . Roedd y Rhufeiniaid hefyd yn ychwanegu blas i helpu gyda

anadl drwg . Defnyddiodd y Tseiniaidd hynafol amrywiaeth eang o

sylweddau , gan gynnwys ginseng , mints llysieuol , halen , a

hyd yn oed bowdwr gwn. Yn y 9fed ganrif , y polymath Persian

Dyfeisio Ziryab math o bast dannedd ei fod yn boblogaidd

ledled Islamaidd Sbaen . Yr oedd i fod yn

swyddogaethol ac yn ddymunol i flasu, ond mae ei union gyfansoddiad

yn hysbys.

Daeth past dannedd a phowdrau i ddefnydd cyffredinol yn y

19eg ganrif ym Mhrydain a gwledydd eraill. y rhan fwyaf yn

dal i fod yn gartref , gyda sialc , brics falurio , neu halen fel

cynhwysion. Erbyn 1900 , past wedi'i wneud o hydrogen perocsid a

soda pobi argymhellwyd i'w defnyddio gyda brwsys dannedd . Past dannedd Cyn - cymysg eu marchnata gyntaf yn y 19eg

powdrau ganrif, ond dannedd aros yn fwy poblogaidd nes

Arloesol y Rhyfel Byd Cyntaf Arall 19eg ganrif yn cynnwys

ychwanegu Glyserin ar gyfer blas , a strontiwm i gryfhau

dannedd . Yn 1873 , Colgate & Company , a sefydlwyd gan William

Colgate yn Efrog Newydd yn 1806 , dechreuodd màs - cynhyrchu y past dannedd cyntaf mewn jar . Yn 1892 , Dr W. Washington

Sheffield o New London , Connecticut , a weithgynhyrchir

y past dannedd cyntaf mewn tiwbiau collapsible a'i werthu fel Dr

Creme Dentifrice Sheffield . Roedd ganddo y syniad ar ôl ei fab

gweld arlunwyr ym Mharis gwasgu paent o diwbiau .

Mae'r tiwbiau past dannedd collapsible gwreiddiol wedi eu gwneud o

arwain , a oedd yn trwytholchi i mewn i'r past a achosir weithiau

arwain gwenwyn . Mae'r ffaith hon , ynghyd â phrinder arweiniol

yn ystod yr Ail Ryfel Byd , a arweiniodd at eu disodli â

lamineiddio (alwminiwm , papur a phlastig) tiwbiau gan y

1940au a thiwbiau plastig yn gyfan gwbl heddiw .

Fflworid ei ychwanegu gyntaf i past dannedd yn y 1890au ar gyfer

atal ceudodau . Ond dim ond yn 1955 y Procter

A lansiwyd Gamble Crest , y cyntaf profi glinigol

past dannedd fflworid sy'n cynnwys . Past dannedd streipiog , gyda

ddau liw gwahanol , ei ddyfeisio gan Efrog Newydd

a enwir Leonard Marraffino yn 1955 a'u marchnata gyntaf gan

Unilever fel streip yn y 1960au cynnar.

Siswrn ewinedd a FILES

Clipwyr ewinedd, a elwir hefyd yn trimmers torwyr ewinedd neu ewinedd, yn cael eu

fel arfer yn gwneud o ddur di-staen, ond gall hefyd gael ei wneud o

plastig neu alwminiwm. Mae dau fath-y comin

plier a'r lifer cyfansawdd. Mae'r rhan fwyaf o torwyr ewinedd yn dod

gyda offeryn arall ynghlwm, a ddefnyddir i gael gwared ar faw

o hoelion. Maent yn aml hefyd yn cynnwys ffeil bach ar gyfer

Trin Dwylo ymylon garw o hoelion torri.

Nid yw dyfeisiwr y torrwr ewinedd yn hysbys mewn gwirionedd a dyfeisiau tebyg wedi cael eu defnyddio ers yr hen amser. Mae'r

patent yr Unol Daleithiau ZIP cyntaf ar gyfer gwelliant mewn trimmer ewin,

awgrymu bod dyfais o'r fath eisoes yn bodoli, yn ymddangos i

wedi ei roi yn 1875 i Valentine Fogerty o Boston,

Massachusetts. Dyfais Fogerty yn ofynnol i'r defnyddiwr i osod

y bys mewn ceudod ceugrwm gyda llafn ar un pen a

yn edrych yn eithaf gwahanol i clipwyr modern. Patentau eraill

ar gyfer gwelliannau mewn trimmers ewin cael eu gwneud

yn ystod yr ychydig flynyddoedd nesaf gan ddyfeiswyr Americanaidd megis

William Edge, John Hollman, Eugene Heim a Celestin

Matz, George Coates, a Chapel Carter. Mae tua 1928,

Carter, a ddaeth yn llywydd y H.C. Cook Cwmni

o ANSONIA, Connecticut, yn honni bod eu ewin Gem

gwneud torrwr ei ymddangosiad cyntaf mor gynnar â 1896. Arall gynnar

Gweithgynhyrchwyr Americanaidd cynnwys y L.T. Eira Cwmni a'r Brenin Klip Company of Efrog Newydd.

Yn 1947, William E. Bassett, a oedd wedi dechrau ar y WE Bassett

Cwmni yn Derby, Connecticut, yn 1939, datblygodd y

Torrwch torrwr ewinedd. Hwn oedd y cyntaf i gael eu gwneud gan ddefnyddio modern

prosesau gweithgynhyrchu, a addaswyd o ddulliau

a ddefnyddir gan ei gwmni i wneud cydrannau magnelau ar gyfer y

Byddin yr Unol Daleithiau yn ystod yr Ail Ryfel Byd. Mae'n defnyddio'r jawstyle uwch

dylunio a oedd wedi bod o gwmpas ers y 19eg ganrif

ond ychwanegodd dau nibs ger gwaelod y ffeil er mwyn atal

symudiad ochrol y fraich lifer pan gafodd ei gau,

disodli'r rhybed pinio gyda rivet rhiciog, ac ychwanegodd

bawd-gwyro patent yn y lifer. Mae'r cynllun yn dal i

dominyddu y farchnad heddiw.

Yn y 1940au hwyr, cyflwynodd Bassett uchel-diwedd

Torrwr ewinedd Croydon, a gafodd ei stampio gyda clippership arwyddlun a'i hyrwyddo yn y cylchgrawn Esquire gyfer y siop gemwaith masnach. Yn anffodus, mae'r Croydon oedd Nid llwyddiannus yn fasnachol. Ond W.E. Bassett yn parhau i fod yn wneuthurwr mawr o offer harddwch personol. Mae eu llinell cynnyrch Trim bellach wedi tyfu i gynnwys mwy o na 150 o gynhyrchion. Gweithgynhyrchwyr modern eraill yn cynnwys EVENFLO (Tsieina), 777 (Three Saith, Korea), a DOVO Solingen (Yr Almaen).

PAPUR TOILED

Mae'r defnydd cofnod cyntaf o bapur toiled yn hanes dyn dyddio'n ôl i'r 6ed ganrif OC, yn Tsieina. Yn 589 OC, y ysgolhaig-swyddogol Yan Zhitui ysgrifennodd: 'Papur y ceir yn dyfyniadau neu sylwebaethau gan y Pum Clasuron neu enwau sages, nid wyf yn meiddio defnyddio at ddibenion toiled '. Mae'r Tseiniaidd yn cynhyrchu papur toiled ar raddfa ddiwydiannol gan yr Oesoedd Canol. Yn ystod y 14eg cynnar ganrif, Zhejiang talaith yn unig oedd yn cynhyrchu deg miliwn o becynnau bob blwyddyn. Yn 1393, yn ystod y Ming Dynasty, 15,000 o daflenni o arbennig persawrus meddal-ffabrig, papur toiled a wnaed ar gyfer Ymerawdwr Hongwu yn imperial teulu. Mae'r llys ymerodrol yn Nanjing hefyd a ddefnyddir am 720,000 dalen o bapur toiled yn flynyddol. Y 16eg ganrif

Ysgrifennodd awdur ddychanol Ffrengig François Rabelais am toiled

papur yn ei nofel-dilyniant Gargantua a Pantagruel.

Yma Gargantua yn gwrthod y defnydd o bapur fel aneffeithiol,

odli bod: 'Pwy ei gynffon budr gyda phapur cadachau, Shall

yn ei ballocks gadael rhai sglodion. '

Americanaidd Joseph Gayetty yn cael ei ystyried yn eang y

dyfeisydd toiled modern ar gael yn fasnachol

papur yn 1857. Daliai ei Papur Meddyginiaethol i atal

clwy'r marchogion a chafodd ei werthu mewn pecynnau o daflenni gwastad dyfrnodi ag enw'r dyfeisydd. Mae'r ddyfais

o rholio a phapur toiled tyllog ei briodoli i'r

Albany tyllog Lapio Paper Company yn 1877 a

i'r Scott Paper Company yn 1879. Yn 1928, roedd y Hoberg

Paper Company o Green Bay, Wisconsin, a gyflwynwyd

Charmin, brand poblogaidd arall.

Yn 1942, cyflwynodd Melin Bapur St Andrew DU meddalach

papur toiled dau-ply. Mae jôc a wnaed gan llu teledu Americanaidd

a'r digrifwr Johnny Carson yn 1973 o wylwyr annog

i redeg allan i siopau ac yn dechrau cronni, gan greu

prinder papur toiled artiffisial.

Heddiw, 26000000000 rholiau o bapur toiled yn cael eu gwerthu bob blwyddyn yn

America gyda chyfartaledd o 23.6 rholiau y pen y flwyddyn,

neu 57 daflenni y dydd. Mae menywod yn tueddu i ddefnyddio llawer mwy

papur toiled na dynion.

Oeddech chi'n gwybod?

Dewisodd pedwar deg naw y cant o ymatebwyr arolwg toiled

papur fel yr unig angen y byddent yn hoffi i ymgymryd â

ynys anghyfannedd.

Defnyddiodd y milwrol yr Unol Daleithiau papur toiled i cuddliw ei tanciau yn Saudi Arabia yn ystod y Rhyfel y Gwlff cyntaf.

Capsiwlau DRUG

Heddiw, mae dau brif fath o capsiwlau cyffuriau, caled-sielio, a ddefnyddir ar gyfer sylweddau sych, powdr, a meddal-sielio, a ddefnyddir ar gyfer hylifau olewog. Yn 1834, a Ffrangeg myfyriwr fferyllfa a enwir Francois Mothes a'i partner, fferyllydd Joseph Dublanc, dyfeisio dull o gynhyrchu un-darn capsiwlau gelatin meddal selio gyda gostyngiad o hydoddiant gelatin. Maent yn defnyddio mowldiau haearn i wneud eu capsiwlau a llenwi arnynt yn unigol gyda yn dropper meddygaeth.

Mothes a chapsiwlau meddal patent Dublanc yn, yn llenwi a gwag, daeth ar unwaith yn boblogaidd yn Ffrainc. Ond maent yn rhoi'r gorau i werthu capsiwlau gwag yn 1837. Mae'r canlyniad oedd galw cynyddol am capsiwlau gwag a roedd nifer o ymdrechion i oresgyn y patent gan creu dyluniadau newydd. Yn 1846, fferyllydd ym Mharis Jules Dyfeisio Lehuby capsules caled dwy-ddarn, sy'n cynnwys cap a chorff darnau sy'n gorgyffwrdd yn debyg i'r rhai a ddefnyddir heddiw. Mae'r cregyn yn cael eu gwneud yn wreiddiol o startsh tapioca neu felysu â surop. James Murdock Llundain oedd rhoddwyd patent Prydain yn 1848 ar gyfer y ddau-darn cyntaf capsiwl caled a wnaed yn gyfan gwbl o gelatin. Murdock, a Roedd asiant patent, fod wedi bod yn gweithredu am Lehuby.

Capsiwlau caled eu gwneud yn wreiddiol mewn dwy ran ac yna dod ynghyd â llaw. Ond roedd yn anodd cael

digon o gywirdeb i wneud y rhannau ffitio'n iawn. Yn 1913,

y Colton Cwmni Detroit, Michigan, dyfeisiodd

y peiriant Stacker mewn cydweithrediad â'r America

cwmni fferyllol Eli Lilly i ddatrys y broblem hon.

Mae'r peiriannau sy'n gwneud capsiwlau caled heddiw yn seiliedig

ar eu ddyfais.

Mae pob amgju meddal-gel modern yn seiliedig ar broses

a ddatblygwyd gan y dyfeisiwr Americanaidd toreithiog Robert Scherer,

yn 1933. Defnyddiodd yn marw cylchdro i gynhyrchu'r capsiwlau

a'u llenwi iddynt gan mowldio ergyd. Mae'r dull hwn yn llai

gwastraff a chapsiwlau cynhyrchwyd gyda amlroddadwy iawn

dosages. Gweithiodd Scherer mewn metel islawr ei dad

siopa am dair blynedd i ddatblygu ei beiriant. Wedyn

ffurfio Cynhyrchion Gelatin Cwmni i farchnata ei

ddyfais. Roedd y cwmni newydd yn llwyddiannus ar unwaith

a daeth y RP Scherer Gorfforaeth yn 1947. Mae'r

perchennog presennol o dechnoleg RP Scherer yn Catalent

Pharma Solutions, gwneuthurwr mwyaf y byd o

capsiwlau softgel.

Oeddech chi'n gwybod?

Gelatin ei gynhyrchu o colagen cynaeafu o

groen anifeiliaid neu esgyrn. Mae hon yn broblem i lysieuwyr,

feganiaid, a'r rhai sy'n arsylwi rhai cyfreithiau crefyddol, a

capsiwlau gel mor llysieuol ar gael yn awr.

Minlliw

Menywod hynafol Mesopotamia yn bosibl y cyntaf i
ddyfeisio a gwisgo minlliw. Maent yn defnyddio gemau malu,
clai coch, rhwd, henna, a gwymon i addurno eu gwefusau.
Eifftiaid Hynafol creu minlliw porffor dwfn o
gwymon, ïodin, a mannite bromin a oedd yn hynod
salwch difrifol gwenwynig a achosir. Cleopatra VII, a
diystyru 50-31 CC, minlliw a ddefnyddiwyd wneud o malu
pryfed ysgarlad, sy'n rhoi pigment coch dwfn hysbys
fel Carmine. Lipsticks gydag effaith symudliw yn wreiddiol
defnyddio sylwedd pearly a geir mewn graddfeydd pysgod.
Yn ystod yr Oesoedd Canol, y cosmetologist Arabaidd nodedig
a llawfeddyg Abu al-Qasim al-Zahrawi (Abulcasis)
lipsticks solet ddyfeisiwyd, a oedd yn ffyn persawrus
rholio a'i wasgu mewn mowldiau arbennig. Ond yn yr Oesoedd Canol
Ewrop, yn cael ei ystyried minlliw yn ymgnawdoliad o Satan
a chafodd ei gwahardd gan yr eglwys.
Dechreuodd lliwio gwefusau i adennill rhywfaint o boblogrwydd yn y 16eg
ganrif Lloegr lle mae gwefusau llachar coch a gwyn moel
Daeth wyneb ffasiynol. Ond yn y 17eg ganrif, lipsticks
a cholur eraill yn mynd allan o ffasiwn unwaith eto. Yn 1653,
bugail Saesneg o'r enw Thomas Hall a arweinir gan symudiad
cyhoeddi bod peintio wynebau yn waith y diafol. Yn 1770, deddf ei basio hyd yn oed gan Senedd Prydain fod
Dywedodd y byddai priodasau yn cael eu dirymu os yw'r ferch
gwisgo colur cyn ei diwrnod priodas.
Colur cynharach parhau i fod yn annerbyniol ar gyfer barchus
Menywod Ewropeaidd ond mae agweddau dechreuodd newid yn y
1850au a'r minlliw masnachol cyntaf ei ddyfeisio yn

1884 gan perfumers ym Mharis. Fod yn cael sylw yn y papur sidan

a gwneud o gwêr ceirw, olew castor, a chŵyr gwenyn. Ar

y pryd, minlliw ei werthu mewn tiwbiau papur, papur arlliw, neu

potiau bach. James Bruce Mason Jr o Nashville, Tennessee,

patent y tiwb minlliw troi i fyny modern yn 1923.

Yn 1927, dyfeisiodd fferyllydd Ffrangeg Paul Baudercroux a

fformiwla a elwir yn Rouge Baiser. Hwn oedd y cyntaf hir-barhaol

minlliw. Yn eironig, Rouge Baiser yn para yn rhy hir! Roedd yn

mor galed i symud y cafodd ei wahardd o'r farchnad.

Yn y 1940au hwyr, Hazel Bishop, cemegydd organig yn New

Efrog, a gynhaliwyd dros dri chant o arbrofion gyda

gwahanol prototeipiau minlliw yn ei chegin. Mae hi yn y pen draw

creu hir-barhaol, di-smearing minlliw modern cyntaf,

a elwir yn No-ceg y groth. Yn 1950, ffurfiodd Hazel Esgob Inc i

hyrwyddo ei ddyfais cusan-brawf, marchnata fel 'aros ar chi

... Nid arno '. Ei busnes yn ffynnu a denu fuan

chystadleuwyr megis Revlon. Heddiw, blas ac organig

lipsticks yn dod yn boblogaidd.

CHAPSTICKS

Mae pobl wedi bod yn dyfeisio atebion ar gyfer gwefusau chapped

ers yr hen amser. Cofnodion Tseiniaidd dangos bod ffurflen

o gwefusau balm yn cael ei ddefnyddio mor gynnar â'r Dwyrain Han

linach (25-220 OC). Cynnar-yn-canol y 18fed ganrif

Llyfr Americanaidd yn disgrifio ateb ar gyfer gwefusau chapped ar gyfer

mamau nyrsio:

I Cure CHOPT Lipps & c.

Cymerwch 2 owns: Gwenyn cwyr a Cutt mewn darnau neu bits ac 1

Gill o oyl Sweet da a dros dân clir pan

Diddymu arllwys i mewn i Bason clir a bydd pan

Coal'd yn dda Oyntment ar gyfer tethau tost hefyd unrhyw

Peth o'r math hwnnw.

Yn y 1880au cynnar, Dr Charles Browne Fleet, Americanaidd

meddyg o Lynchburg, Virginia, a ddyfeisiwyd ChapStick

fel balm gwefusau. Mae ei, cynnyrch wedi'u gwneud â llaw gwerthu'n lleol

debyg cannwyll wickless lapio mewn ffoil tun. Ym 1912,

Prynu John Morton yr hawl ar y cynnyrch am bum

ddoleri a chynhyrchu ddechreuodd y ChapStick pinc

yn ei gegin. Ei fusnes mor llwyddiannus fel bod

elw o'r gwerthiant yn cael eu defnyddio i sefydlu'r Morton

Gweithgynhyrchu Corporation. Yn 1963, cafodd y AH Robins Cwmni ChapStick

o'r Mortons. Ar y pryd, dim ond ChapStick Lip

Ffon rheolaidd Balm yn cael ei marchnata i ddefnyddwyr.

Yn dilyn hynny, mae llawer mwy mathau wedi cael eu cyflwyno.

Mae'r rhain yn cynnwys pedwar ffyn blas ChapStick Gwefus Balm

yn 1971, ChapStick sunblock 15 yn 1981, ChapStick

Petroleum Jelly Byd Gwaith yn 1985, a ChapStick Meddyginiaethol

yn 1992. Roedd sgïwr Americanaidd Suzy Chaffee llefarydd

ar gyfer y brand yn y 1970au a daeth yn adnabyddus fel Suzy

ChapStick. Cyn rasiwr sgïo Americanaidd Picabo Street bellach

gweld yn gyffredin ar eu hysbysebion teledu.

ChapStick yn awr ym mherchenogaeth Pfizer, a werthodd y

gyfleuster gweithgynhyrchu yn Richmond, Virginia, yn 2011 i

Fareva, cwmni Ffrengig sydd bellach yn cynhyrchu ac yn

pecynnau ChapSticks ar gyfer Pfizer.

Oeddech chi'n gwybod?

Ym 1972, tiwbiau ChapStick eu haddasu gyda cudd microffonau a ddefnyddir gan weithredwyr White House G. Gordon Liddy ac E. Howard Hunt pan eu bod yn torri i mewn i bencadlys y Pwyllgor Cenedlaethol Democrataidd yn y swyddfeydd Watergate yn Washington, DC. Mae'r gan arwain yn y pen draw sgandal arwain at ymddiswyddiad Richard Nixon ar 9 Awst, 1974-yr unig ymddiswyddiad o Arlywydd yr Unol Daleithiau tan ddyddiad.

Dannedd gosod

Canfuwyd bod gan y dystiolaeth hynaf o ddannedd gosod neu ddannedd gosod gan archeolegwyr ym Mecsico. Maent yn dod o hyd i sgerbwd, yn dyddio yn ôl i 2500 CC, y mae eu dannedd blaen wedi bod yn y ddaear i lawr, yn ôl pob tebyg i wneud lle ar gyfer dannedd gosod a wneir o blaidd dannedd. Mae tua 700 CC, Etruscans yng ngogledd yr Eidal a wnaed dannedd gosod y tu allan i bobl neu anifeiliaid dannedd a oedd ynghlwm gyda gwifren neu fandiau aur. Mae'r rhain yn dirywio yn gyflym ond yn hawdd i'w cynhyrchu. Nid oedd llawer o gynnydd pellach tan y 18fed ganrif. Nid yw dannedd gosod yn gyffredin a dannedd ar goll oedd y norm hyd yn oed ymhlith y pendefigion. Brenhines Elizabeth I, brenin Lloegr yn rhoi lliain gwyn yn y bylchau i edrych yn well yn gyhoeddus.

Mae'r dant gosod cyflawn hynaf yn cael ei wneud o bren a dyddio'n ôl i Japan 16eg ganrif. Yn ystod y 18fed ganrif, deintyddion Ewropeaidd a ddefnyddir Walrws, eliffant, a

ifori hippopotamus i wneud platiau dannedd gosod i ba

Gellid dannedd gael ei hatodi. Ond maent yn ymosod gan y

asidau mewn poer, blasu ofnadwy, ac yn pydru yn fuan. Ar ben hynny,

Roedd dannedd gosod yn gynnar i gael ei symud cyn bwyta, gan eu bod yn

Nid oedd sicrhau digon i gnoi gyda.

Roedd gan y Arlywydd yr Unol Daleithiau cyntaf, George Washington, dannedd gosod

gwneud o ifori cerfiedig hippopotamus i ba dynol, ceffyl, a dannedd asyn yn cael eu gosod. Fodd bynnag, roeddent yn

boenus ac yn ystumio ei enau iawn. Oherwydd hyn,

ei ail anerchiad agoriadol oedd y byrraf unrhyw Unol Daleithiau

Llywydd hyd yma-dim ond yn para 90 eiliad!

Daeth dannedd y meirw poblogaidd ar gyfer dannedd gosod ac roeddent yn

ar gael yn hawdd ar adegau o ryfel. Er enghraifft, ar ôl Brwydr

Waterloo, roedd gormodedd o ddannedd Waterloo dynnu o'r

cyrff milwyr ar faes y gad. Yn ystod y Americanaidd

Rhyfel Cartref, casgenni o ddannedd fath yn cael eu cludo yn ôl i

Ewrop. Dannedd hefyd tynnu o'r troseddwyr eu gweithredu,

ddwyn gan lladron bedd, neu hyd yn oed prynu oddi wrth y tlawd.

Mae'r dannedd gosod porslen cyntaf eu gwneud tua 1770 gan

Alexis Duchâteau, apothecari Ffrengig. Ar ôl sawl

methiannau, mae'n creu dylunio ymarferol a ddaeth iawn

poblogaidd. Fodd bynnag, roeddent yn dueddol o sglodion ac yn edrych

rhy wyn i fod yn argyhoeddiadol. Ei gyn gynorthwy-ydd Nicholas

Derbyniodd De Chemant y patent cyntaf ar gyfer dannedd gosod yn 1791.

Yn 1820, dechreuodd Claudius Ash Llundain gweithgynhyrchu

gwell dannedd gosod porslen gosod ar 18-carat aur

platiau. O'r 1850au, Vulcanite, math o caledu

rwber, dechreuodd gymryd lle aur, a oedd yn gostwng yn sylweddol

costau. Yn gynnar yn yr 20fed ganrif, dannedd gosod gwnaed

o resin acrylig a phlastig eraill. Heddiw, maent yn llawn

manteisio ar aloion a phlastig newydd.

Diaroglyddion

Mae amrywiaeth eang o diaroglyddion wedi cael eu defnyddio ers

hynafiaeth. Yr Eifftiaid Hynafol indulged mewn persawrus

baddonau, tra bod y Groegiaid Hynafol a'r Rhufeiniaid yn aml

defnyddio persawrau ac olew aromatig. Ond gyda gostyngiad o

Rhufain, mae'r hoff o ymdrochi ei golli hefyd. Weithiau

halwynau graig yn cael eu defnyddio fel diaroglydd mewn rhannau o Asia. Yn

y 9fed ganrif, y polymath Arabaidd neu Persian Ziryab

diaroglydd a gyflwynwyd yn Moorish Sbaen.

Mae'r diaroglydd fasnachol gyntaf, Mam, ei gyflwyno

a patent yn 1888 gan dyfeisiwr Americanaidd anhysbys.

Mam yn wreiddiol yn sinc clorid a chwyr past neu

hufen. Dilynwyd hyn yn fuan gan Everdry, alwminiwm

antiperspirant seiliedig ar clorid.

Erbyn 1900, mae llu o antiperspirants mewn amrywiaeth o ffurfiau

o pastau, ffyn, dabbers, powdrau, a hufen i

rholio-ons ar gael yn y farchnad. Ond arogl corff

cael ei ystyried yn fater preifat a wnaeth y rhan fwyaf o bobl yn

peidio â'u defnyddio. Cymerodd hysbysebu clyfar i ddefnyddwyr

i fod yn argyhoeddedig o'i fudd-daliadau. Mae'r ymgyrch ar gyfer

antiperspirant a enwir Odorono, a gynlluniwyd gan gyno ddrws i ddrws Beibl gwerthwr a enwir James Young, yn

bwysig yn hyn o beth. Mae'n portreadu arogl corff fel faux pas cymdeithasol nad oes neb fyddai dweud wrthych yn uniongyrchol yn

gyfrifol am eich amhoblogrwydd, ond yr oeddent yn

hapus i clecs tu ôl i'ch cefn am.

Daeth Diaroglyddion boblogaidd ymhlith menywod yn y

1920au, ond mae dynion yn parhau i gysylltu arogl corff gyda

gwrywdod. Felly dechreuodd hysbysebu targedu dynion gan

hela ar eu ansicrwydd, fel colli eu swyddi o ganlyniad

i arogl corff. Roedd hwn yn syniad ofnadwy yn ystod y

Dirwasgiad Mawr. Top-FLITE, diaroglydd y dynion cyntaf,

ei lansio yn 1935 ac becynnu mewn potel du.

Diaroglydd gwrywaidd arall, Sea-Forth, ei werthu mewn cerameg

jygiau wisgi i ymddangos fel gwrywaidd ag y bo modd.

Yn y 1940au hwyr, awgrymodd Edward Gelsthorpe dylunio

yn taenwr diaroglydd yn seiliedig ar corlannau pelbwynt. Ei syniad

ei ddatblygu gan fferyllydd Helen Diserens. Yn 1952, Bristol-

Dechreuodd Myers marchnata fel Ban Roll-On. Y cynnyrch yn

yn llwyddiant, er bod llawer o ddefnyddwyr gwrywaidd iddynt osgoi

oherwydd bod gwallt dan y fraich yn cael eu dal yn y taenwyr.

Dyfeisiwr Americanaidd a fferyllydd cosmetig Dr Jules

Patent Bernard Montenier llunio modern

y antiperspirant yn 1941. Roedd Gillette yn Hawl Guard

y antiperspirant aerosol cyntaf yn y 1960au cynnar. Heddiw.

tua 95 y cant o Americanwyr yn defnyddio diaroglydd.

DARLLEN PELLACH

. 1 Mae'r Kid Pwy Dyfeisiodd y Popsicle: A Eraill

Straeon Syndod Amdanom Dyfeisiadau gan Don L. Wulffson,

clawr meddal - 128 o dudalennau (1999), Seiriol.

2. Camgymeriadau Bod Gweithio gan Charlotte Foltz Jones a

John O'Brien (Illustrator), clawr meddal - 48 tudalen (1994),

Doubleday.

3. Gwreiddiau Arbennig Panati o bob dydd Pethau drwy

Charles Panati, clawr meddal - 480 o dudalennau, argraffiad ailgyhoeddi

(Medi 1989), HarperCollins.

. 4 Esblygiad Pethau defnyddiol: Sut Arteffactau Bob Dydd

- O Forks a Pinnau i Clips papur a Zippers - Dod

i fod mor Maent yn gan Henry Petroski, clawr meddal - 304

Tudalennau (1994), Hen.

www.ingramcontent.com/pod-product-compliance
Lightning Source LLC
Chambersburg PA
CBHW051653170526
45167CB00001B/444